DE L'ABAISSEMENT

DES

TARIFS DE CHEMINS DE FER

EN FRANCE

DU MÊME AUTEUR :

LA BANQUE DE FRANCE dans ses Rapports avec le Crédit et la Circulation. — GUILLAUMIN, éditeur, 14, rue Richelieu. — 1 volume grand in-8°, 1862 . . . . 5 francs.

DE L'ABAISSEMENT

DES

TARIFS DE CHEMINS DE FER

EN FRANCE

PAR

GUSTAVE MARQFOY

ANCIEN ÉLÈVE DE L'ÉCOLE POLYTECHNIQUE

Auteur de :

DE L'ABAISSEMENT DES TAXES TÉLÉGRAPHIQUES EN FRANCE.

PARIS

A LA LIBRAIRIE NOUVELLE

15, BOULEVARD DES ITALIENS, 15.

1863

PRÉFACE.

La France, depuis quelques années, marche dans une voie magnifique de prospérité matérielle.

Ce mouvement est très-heureux pour notre société: le travail, qui chasse la misère, chasse aussi les mauvaises passions.

C'est un des grands caractères de la civilisation moderne que l'accroissement de la richesse parmi les masses aide puissamment à élever leur niveau intellectuel et moral.

Il est donc d'une politique éclairée et sage de mettre en jeu tous les éléments qui servent à développer la richesse publique.

Depuis que le pays est sillonné de voies ferrées, la fortune publique est, sous beaucoup de rapports, devenue la vassale des chemins de fer.

La question des tarifs de transport sur ces voies domine donc les plus hauts intérêts; elle est, par son importance, digne de toutes les méditations de l'homme d'Etat, de toute l'initiative du législateur.

Depuis longtemps, les tarifs de voyageurs sont invariables, et les tarifs de marchandises ne s'abaissent qu'avec une lenteur extrême.

Ils peuvent, d'ailleurs, être fortement abaissés: il existe un grand écart entre les tarifs et les prix de revient du transport.

Cet état des tarifs n'est pas compatible avec les besoins du pays.

Ces besoins sont impérieux et réclament d'énergiques mesures : « Un des plus grands services à rendre au pays, a dit l'Empereur Napoléon III, dans la lettre du 5 janvier 1860 au ministre d'Etat, est de faciliter le transport des matières de première nécessité pour l'agriculture et l'industrie. »

Je me propose de démontrer que, dans l'intérêt des Compagnies, dans l'intérêt public et dans l'intérêt de l'Etat, une réforme radicale des tarifs de chemins de fer est devenue nécessaire.

Les Compagnies de chemins de fer dont j'ai combattu quelques idées dans cette étude prendront mes observations en bonne part. La tâche qu'elles ont à remplir est difficile; les hommes qui les gouvernent ne réussissent dans leur mission que par d'éminentes qualités, par un travail infatigable : je leur rends pleinement hommage.

D'un autre côté, la critique est un devoir lorsqu'elle naît d'une conviction et qu'elle s'exerce en vue de l'intérêt public.

Paris, 1er Août 1863.

DE L'ABAISSEMENT

DES

TARIFS DE CHEMINS DE FER

EN FRANCE.

INTRODUCTION.

Le mouvement économique de la France, depuis les premières années de la création des chemins de fer jusqu'à ce jour, se manifeste dans les chiffres suivants :

En 1841, les lignes exploitées avaient (1) une longueur de. . . . . **517** kilom.

Leur recette totale était de . . . . **13,289,107** francs.

Leur recette kilométrique, de. . . **25,704** —

En 1862, la longueur kilométrique exploitée a été (2) de . . . . **11,074** kilom.

La recette totale, de . . . . . **475,958,364** francs.

La recette kilométrique, de . . . . **45,316** —

---

(1) Documents statistiques publiés par le ministère des travaux publics, p. 25.

(2) *Moniteur* du 18 mars 1863.

On ne pourrait trouver, soit dans nos annales, soit dans celles des autres peuples, une période de vingt années remplie de plus grands et de plus utiles travaux.

Dans cette période, la recette kilométrique avait augmenté d'une manière continue depuis l'origine jusqu'en **1847**, année où elle avait atteint **43,164** fr.

En **1848**, elle tomba à **30,618** fr. et ne remonta au niveau de **1847** qu'en **1853**, exercice pendant lequel elle fut de **43,182** fr. (1).

La recette kilométrique a, depuis cette époque, éprouvé les variations suivantes (2) :

1854.	45,663	francs.
1855.	53,340	—
1856.	48,048	—
1857.	45,259	—
1858.	41,398	—
1859.	43,782	—
1860.	44,492	—
1861.	47,943	—
1862.	45,316	—

La diminution constatée dans l'exercice **1862** dure encore au commencement de **1863**; on s'en préoccupe

(1) Ces divers chiffres sont extraits des documents statistiques précités, p. 45.

(2) *Annuaire de l'Economie politique.* L'impôt du dixième n'est compris que dans les chiffres de 1854 et 1855.

dans l'opinion publique; les Compagnies qui subissent ces diminutions en éprouvent aussi de l'inquiétude.

Ces craintes sont fondées.

Le commerce et l'industrie traversent, il est vrai, en ce moment, une période difficile. Aux causes passagères, correspondent des effets passagers : les affaires reprendront une activité nouvelle, lorsque les luttes douloureuses qui agitent l'autre hémisphère auront cessé. Ce sera une source d'augmentation pour la recette des chemins de fer.

Mais, dans les faits accomplis, il existe des causes d'une autre nature dont il y a lieu de se préoccuper.

La création des chemins de fer a été inaugurée par l'exécution des principales artères du réseau. Dès qu'elles ont été exploitées, ces artères, alimentées par le nombre infini de voies de communication qui sillonnent le territoire de la France en tous sens, sont devenues les gros canaux de la circulation. Il est donc naturel qu'elles aient été très-fréquentées.

D'ailleurs, les habitudes des populations changent vite lorsque leur intérêt et leur agrément sont en jeu.

Enfin, pendant cette première période de développement, et depuis dix ans surtout, la France a joui de la paix intérieure, si favorable au travail et au progrès industriel.

Par ces raisons, les chemins de fer devaient donner de grands résultats pendant les premières années de leur exploitation.

Aujourd'hui, les lignes principales sont toutes en activité, et le réseau ne peut plus se développer que par l'addition de lignes secondaires, d'importance décroissante.

Ces lignes secondaires, étant plus fécondes que les routes et les canaux, accroîtront nécessairement le trafic du réseau principal ; mais leur propre trafic kilométrique moyen sera très-inférieur au trafic kilométrique moyen de ce réseau, et l'accroissement de l'un ne pourra compenser la diminution de l'autre.

Il est aisé de s'en rendre compte :

Les grands industriels, les grands négociants habitent surtout les villes importantes. Or, ces villes ont été les jalons du tracé du réseau principal; par suite, la plupart des combinaisons commerciales destinées à étendre au loin les débouchés de la production française, à amener les produits étrangers sur le marché national et à augmenter le transit, sont déjà réalisées. L'exploitation des lignes secondaires accroîtra ce mouvement, mais avec peu d'énergie. La production et la consommation locales, tels seront les éléments essentiels du trafic des lignes secondaires.

Il est donc dans la nature des choses, toutes autres conditions égales d'ailleurs, que la recette kilométrique moyenne des chemins de fer diminue à mesure que le réseau total se complètera.

D'ailleurs, l'exécution des lignes secondaires sera à peu près aussi coûteuse, en moyenne, que celle des lignes principales.

La diminution de recette ne sera donc pas compensée par une diminution de dépense.

Telle est la situation : A dater de l'époque où l'exploitation a été régulièrement organisée sur une échelle importante, les débuts des chemins de fer ont été très-brillants ; les recettes ont suivi une progression très-rapide ; mais, si l'on maintient invariable le régime actuel d'exploitation, nous sommes à l'apogée de ce grand mouvement. Chaque jour, des lignes secondaires nouvelles sont livrées à l'exploitation, et agissent, par leur faible trafic, sur la recette kilométrique moyenne pour la déprimer. Le mouvement rétrograde se manifeste déjà ; le régime de l'exploitation des chemins de fer restant le même, la recette kilométrique moyenne est destinée à diminuer chaque jour davantage.

Puisque, sous le régime d'exploitation actuel, les recettes des Compagnies doivent nécessairement péricliter, il importe de rechercher si ce régime est le meilleur, ou s'il ne conviendrait pas de le modifier en vue de lutter contre cette tendance rétrograde.

La solution de cette question est toute entière dans l'étude des tarifs.

Le tarif des transports est le grand levier de la richesse publique. Avec le tarif on défriche les terres incultes, on laboure les champs, on exploite les forêts, on fouille les mines, on féconde en un mot toutes les sources de la production, et l'abondance des matières premières fait prospérer l'industrie et le commerce.

Le tarif est donc, dans un chemin de fer, le grand régulateur de la masse de transports à effectuer dans le présent et dans l'avenir ; et comme la recette, les bénéfices, la destinée des Compagnies, dépendent de cette masse de transports, il en résulte que l'exploitation des chemins de fer gravite toute entière autour du tarif.

Par ces considérations, je me propose de rechercher si les tarifs actuellement en vigueur sur les chemins de fer sont les plus favorables aux intérêts simultanés du pays et des Compagnies, ou s'ils sont susceptibles d'utiles modifications.

Dans l'étude qui va suivre, j'examinerai successivement

LE TRAFIC DES MARCHANDISES,

LE TRAFIC DES VOYAGEURS.

Nota. — J'annexe à ce travail sept tableaux statistiques relatifs à l'exploitation des six grandes Compagnies françaises.

Ces tableaux concernent la majeure partie du réseau, au lieu d'englober le réseau entier. Cela tient à l'insuffisance des statistiques publiées par les Compagnies.

Je raisonnerai sur ces documents comme s'ils étaient complets.

TITRE PREMIER.

TRAFIC DES MARCHANDISES.

CHAPITRE PREMIER.

DES TARIFS DE MARCHANDISES.

§ Ier.— TARIFS DU ROULAGE ET TARIFS DES CHEMINS DE FER.

De 1834 à 1847, le tarif moyen appliqué aux transports par roulage ordinaire a été, d'après un calcul fait sur une exploitation de 2,086 kilomètres (1), de **0** fr. **249** par tonne et par kilomètre.

De 1852 à 1861, le tarif moyen perçu sur tous les chemins de fer a été de **0** fr. **071**.

---

(1) Rapport de la Compagnie de l'Est à l'assemblée générale des actionnaires, 1860, p. 23.

La différence de ces tarifs a produit une économie considérable dans les frais de transport.

Il n'existe pas, sur la première période, de documents qui permettent de comparer son mouvement général à celui de la seconde par des rapprochements de chiffres; mais tout le monde sait que cette différence des tarifs de transport a produit une grande transformation dans le régime économique de la France.

Je vais montrer combien cette transformation a été rapide dans les dix années qui viennent de s'écouler.

Une définition préalable est nécessaire:

Le trafic d'une ligne de chemin de fer se mesure avec le *voyageur kilométrique* ou la *tonne kilométrique*, comme une longueur se mesure avec un mètre.

Tout le monde comprend qu'un voyageur transporté à 80 kilomètres est équivalent, au point de vue de la quantité de circulation, à 80 voyageurs transportés à 1 kilomètre, ou *80 voyageurs kilométriques.*

Une tonne transportée à 150 kilomètres est, de même, équivalente à *150 tonnes kilométriques.*

Les Compagnies mesurent ainsi leur trafic.

Le trafic d'une ligne est naturellement d'autant plus considérable que la longueur exploitée est plus grande. Il faut donc, pour apprécier la fécondité d'une ligne, considérér son *trafic moyen par kilomètre exploité.*

Cela posé, de 1852 à 1861, le trafic total et le trafic kilométrique ont suivi les progressions suivantes (1):

Années.	Longueur moyenne exploitée.	Nombre total de tonnes kilométriques.	Nombre de tonnes kilométriques par kilomètre exploité.
1852	2.042	296.720.233	145.308
1853	2.737	571.626.443	208.851
1854	3.098	882.039.742	284.713
1855	3.290	1.143.482.342	347.563
1856	3.823	1.292.069.089	337.972
1857	6.181	1.989.115.572	321.827
1858	7.016	2.190 391.923	312.199
1859	7.417	2.500.590.381	337.143
1860	7.514	2.794.656.319	371.926
1861	7.549	3.415.484.299	452.442

Ainsi, dans cette période, le trafic des marchandises a pris un grand essor. Ce trafic s'est étendu sur une vaste surface du pays par l'accroissement du réseau; il s'est aussi développé sur place avec une grande énergie, puisque le tonnage moyen par kilomètre exploité a été, en 1861, trois fois plus important qu'en 1852.

Les recettes des marchandises ont augmenté de même sans suivre toutefois une progression aussi rapide. Elles ont été les suivantes:

(1) Je rappelle que mes chiffres se rapportent à la majeure partie du réseau, et non à sa totalité.

Années.	Recette totale.	Recette par kilomètre.
1852 . . .	25.345.206 fr. 88	12.411 fr.
1853 . . .	45.379.583 80	16.580
1854 . . .	64.173.359 40	20.714
1855 . . .	82.799.734 15	25.167
1856 . . .	96.175.617 40	25.157
1857 . . .	143.776.644 85	23.261
1858 . . .	157.221.876 53	22.409
1859 . . .	179.290.729 18	24.173
1860 . . .	194.241.950 45	25.850
1861 . . .	226.925.132 52	30.060

En divisant la recette totale par le nombre total de tonnes kilométriques transportées, on obtient le *tarif moyen perçu par tonne et par kilomètre.*

Ce tarif moyen a été :

En 1852	de	0,0854
1853		0,0794
1854		0,0727
1855		0,0724
1856		0,0744
1857		0,0723
1858		0,0718
1859		0,0717
1860		0,0695
1861		0,0664

On ne peut pas, en comparant le *tarif moyen perçu* aux *quantités transportées,* découvrir l'influence qu'exercent les *tarifs de transport* sur le *trafic.*

Cela tient à ce qu'il y a une certaine indépendance entre les *tarifs de transport* et le *tarif moyen perçu.*

Ainsi, par exemple, les *tarifs de transport* restant *invariables,* le *tarif moyen perçu* peut, d'une année à l'autre, *croître, rester constant* ou *diminuer.* Ces effets divers se produisent, selon que le plus grand développement du trafic a lieu dans les hauts ou les bas tarifs.

Il y a lieu de remarquer, toutefois, que l'abaissement des tarifs de transport est une circonstance *favorable* à la diminution du tarif moyen perçu. Leur élévation est favorable à l'effet inverse.

Le tarif moyen perçu résume donc un trop grand nombre de situations diverses. Pour apprécier avec exactitude l'influence des tarifs, il faut remonter aux *tarifs* eux-mêmes.

§ 2. — TARIFS DE CHEMINS DE FER EN VIGUEUR EN FRANCE ET A L'ÉTRANGER.

Le cahier des charges impose aux Compagnies les *maximums* de tarifs suivants :

	Par tonne et par kilom.
PREMIÈRE CLASSE.	
Spiritueux, objets manufacturés. . .	**0** fr. **16**
DEUXIÈME CLASSE.	
Blés, métaux, etc.	**0 14**

TROISIÈME CLASSE. Par tonne et par kilom.

Houilles, pierres, etc. . . . . **0** fr. **10** (1).

Dans certaines conditions spéciales et pour certaines natures de produits, ces maximums sont fixés à **0** fr. **06** et **0** fr. **05** par tonne et par kilomètre.

Les Compagnies peuvent, avec l'autorisation ministérielle, appliquer, au-dessous de ces limites, tous les tarifs possibles.

En général, les tarifs qu'elles appliquent sont notablement inférieurs aux maximums fixés par le cahier des charges.

C'est un fait très-caractéristique.

Parmi ces tarifs, j'indiquerai les plus bas. Leur connaissance est du plus haut intérêt pour l'étude qui m'occupe.

Je vais, dans ce but, citer les tarifs de la houille dans

(1) Les nouvelles conventions intervenues entre l'Etat et les Compagnies prescrivent à ces dernières la création d'une QUATRIÈME CLASSE de marchandises pour les *houilles, marnes, pierres, minerais de fer*, etc., tarifée de la manière suivante :

	Par tonne et par kilom.
De 0 à 100 kilomètres	**0** fr. **08**
101 à 300 —	**0** **05**
Au-dessus de 300.	**0** **04**

La TROISIÈME CLASSE ne contient plus que les *pierres de taille, moellons, minerais divers, briques, ardoises*, etc.

les diverses Compagnies. Par sa nature, ce produit appartient à la catégorie des plus bas tarifs; d'ailleurs, eu égard à son importance, je ne saurais faire un meilleur choix.

D'après M. Moussette (1), les prix de transport de la houille, par tonne (frais de chargement et de déchargement non compris), ont été, en **1860**, sur les chemins de fer français, les suivants :

DISTANCES EN KILOMÈTRES.	NORD	OUEST	EST	ORLÉANS		PARIS-LYON-MÉDITERRANÉE				MOYENNES pour tous les CHEMINS.
				Sens du Centre vers Bx et Nantes (houilles françaises)	Sens de Bx et Nantes vers le Centre (houilles anglaises)	Bassin d'Alais	Bassin de la Loire — Direction de la Méditerran.	Bassin de la Loire — Direction de Paris.	Bassin de Blanzy. Direction de Paris et l'Alsace	
	fr. c.	fr. c.	fr. c.	fr. c.	fr. c.	fr. c.	fr. c.	fr. c.	fr. c.	fr. c.
6	0.60	0.60	0.50	0.60	0.60	0.40	0.60	0.60	0.40	**0.54**
13	0.80	1.30	1.05	1.30	1.30	1.00	1.30	1.30	1.00	**1.15**
19	1.10	1.90	1.15	1.60	1.60	1.50	1.90	1.90	1.50	**1.57**
32	1.90	2.34	1.90	2.56	2.56	2.50	2.50	3.20	2.50	**2.44**
38	2.30	2.66	2.30	3.00	3.00	3.00	3.00	3.80	3.00	**2.89**
58	3.50	4.06	3.50	3.48	3.48	4.60	4.60	5.80	3.00	**4.00**
80	4.60	5.25	4.80	4.76	4.76	5.00	5.00	6.50	4.00	**4.96**
120	5.80	6.00	6.00	6.00	6.00	6.00	6.00	6.70	4.80	**5.92**
161	7.00	7.50	8.05	6.60	7.60	8.00	8.00	8.80	6.40	**7.55**
241	9.40	9.64	10.00	8.30	11.00	12.00	12.00	10.50	8.40	**10.14**
322	11.90	12.88	12.80	11.00	15.00	12.80	12.80	12.50	11.20	**14.21**

Soit par tonne et par kilomètre :

DISTANCES EN KILOMÈTRES.	NORD	OUEST	EST	ORLÉANS Sens du Centre vers Bx et Nantes	ORLÉANS Sens de Bx et Nantes vers le Centre	Bassin d'Alais	Loire Direction de la Méditerran.	Loire Direction de Paris	Blanzy	MOYENNES
6	0.100	0.100	0.082	0.100	0.100	0.066	0.100	0.100	0.066	**0.090**
13	0.061	0.100	0.080	0.100	0.100	0.077	0.100	0.100	0.077	**0.089**
19	0.058	0.100	0.060	0.084	0.084	0.080	0.100	0.100	0.080	**0.081**
32	0.059	0.073	0.059	0.080	0.080	0.078	0.078	0.100	0.078	**0.076**
38	0.061	0.070	0.061	0.079	0.079	0.079	0.079	0.100	0.079	**0.076**
58	0.060	0.070	0.060	0.060	0.060	0.079	0.079	0.100	0.052	**0.069**
80	0.057	0.066	0.060	0.059	0.059	0.062	0.062	0.081	0.050	**0.062**
120	0.048	0.050	0.050	0.050	0.050	0.050	0.050	0.056	0.040	**0.049**
161	0.043	0.047	0.050	0.041	0.047	0.050	0.050	0.054	0.040	**0.047**
241	0.039	0.040	0.041	0.034	0.045	0.050	0.050	0.043	0.035	**0.042**
322	0.037	0.040	0.040	0.034	0.046	0.040	0.040	0.039	0.035	**0.044**

(1) Commission d'enquête de 1862, Rapport, p. 112.

Ainsi la Compagnie d'Orléans, la plus libérale dans les tarifs cités, n'a pas dépassé la limite inférieure de 3 cent. 4 par tonne et par kilomètre à la plus grande des distances désignées, celle de 322 kilomètres.

L'ensemble des Compagnies n'a pas dépassé, dans le sens de l'abaissement, la limite moyenne de 4 cent. 2.

Dans quelques cas exceptionnels, cependant, les Compagnies ont atteint des limites plus basses.

Voici, en 1863, les tarifs les plus bas en vigueur sur diverses lignes :

TARIF DES PLATRES.

COMPAGNIE D'ORLÉANS.		Par tonne et par kilom.
Paris à Bordeaux. . . .	577 kilom.	0 fr. 021
COMPAGNIE DE LYON.		
Charenton à Auxerre . .	171 »	0 023
COMPAGNIE DE L'OUEST.		
Argenteuil à Saint-Lô. .	313 »	0 022

Ces tarifs sont tout à fait exceptionnels. Les Compagnies elles-mêmes les désignent comme tels.

En dehors de quelques exceptions, voici, pour ces mêmes plâtres, leurs tarifs spéciaux :

COMPAGNIE D'ORLÉANS.	Par tonne et par kilom.
Pour toute distance supérieure à 50 kilom. .	0 fr. 05

COMPAGNIE DE LYON.	Par tonne et par kilom.
De 1 à 50 kilomètres.	0 fr. 06
De 50 à 100 »	0 05
De 100 à 150 »	0 04
Au-dessus de 150 »	0 03

COMPAGNIE DE L'OUEST.	
De 0 à 75 kilomètres	0 fr. 07
De 76 à 150 »	0 05
Au-dessus de 150 »	0 04

Les bas tarifs ne s'appliquent d'ailleurs, en général, qu'à des expéditions faites par wagons complets et soumises à diverses autres conditions restrictives.

Voici quels sont les tarifs de la houille en divers pays étrangers :

« D'après les estimations des hommes les plus compétents, dit M. Moussette (1), le produit brut moyen du transport de la houille en Angleterre est de 0 d. 5/8 ou 0 fr. 065 par tonne et par mille, ce qui donne 0 fr. 04 par kilomètre, non compris la location des wagons ou wagons non fournis par la Compagnie. »

Cette location est d'environ 0 fr. 008 (2) par tonne et par kilomètre.

(1) Commission d'enquête, Rapport, p. 94.
(2) Idem. Idem., p. 83.

Des tarifs plus bas sont toutefois exceptionnellement appliqués. Le plus bas qu'on puisse citer est, sans doute, celui accordé par la Compagnie du Great Northern à la Compagnie Imperial Gaz : le chemin de fer transporte les houilles de cette Compagnie sur une distance totale de 251 kilomètres, au prix de **0** fr. **028** par tonne et par kilomètre, à la condition d'un minimum de 1,000 tonnes par semaine.

Ce chemin de fer descend plus bas encore, mais aux époques de chômage seulement, en faveur des marchands de houille de Londres. Il effectue leurs transports au prix de **0** fr. **024** par kilomètre et par tonne(1).

« Les houilles et lignites sont ainsi transportés, dit M. Dubocq (2), de la Silésie à Berlin et de la Westphalie sur les bords de l'Elbe à **0** fr. **03** par tonne. En Autriche, à **7** centimes. »

La Compagnie de l'Est disait à l'assemblée générale des actionnaires de 1860 (3) que, d'une manière générale, « les tarifs de l'Etat belge, du Central suisse, de la Direction royale de Saarbruck et de l'Union centrale Allemande sont supérieurs à ceux des chemins de l'Est. »

---

(1) Commission d'enquête, Rapport, p. 84.

(2) Idem. Idem, p. 168.

(3) Est, Rapport, 1860, p. 22.

Je conclus :

Les Compagnies des chemins de fer français n'appliquent pas en général de tarifs au-dessous de 3 cent. par tonne et par kilomètre.

Les tarifs inférieurs a 4 cent. sont très-rares.

D'ailleurs, le tarif moyen perçu par tonne et par kilomètre a été, en 1861, sur l'ensemble des chemins de fer français de 0 fr. 0664 (1).

A l'étranger, les tarifs sont généralement plus élevés.

---

(1) Voir page 10.

CHAPITRE II.

LIMITE INFÉRIEURE DES TARIFS RÉMUNÉRATEURS.

§ 1er. — DÉFINITION.

Les dépenses d'exploitation d'une Compagnie sont de deux sortes : les DÉPENSES SPÉCIALES et les DÉPENSES GÉNÉRALES.

Les *dépenses spéciales* sont dues au fait même, direct et spécial, du transport, c'est-à-dire à tout ce qu'un train qui circule consomme par sa circulation même, *houille*, *personnel du train*, *usure du matériel*, *des rails*, etc. Ces dépenses sont donc *proportionnelles* à l'importance du trafic.

Les *dépenses générales* sont dues à l'organisation même du service d'exploitation, telles que *bâtiments*, *services centraux*, *chefs de gare*, etc. Ces dépenses ont lieu, quel que soit le nombre de trains qui circulent, quelle que soit leur charge. Elles sont donc *indépendantes* de l'importance du trafic.

Cette indépendance, toutefois, n'est pas absolue : quand le trafic augmente au delà de certaines limites, il faut augmenter certaines dépenses générales. Mais, avant que cette augmentation soit nécessaire, le trafic peut croître dans une large mesure. Je reviendrai sur ces augmentations.

Tout train qui rapporte plus que le montant de ses dépenses spéciales est un train RÉMUNÉRATEUR ; car les dépenses spéciales étant soldées, le surplus de la recette sert à payer les dépenses générales, qui entrent dans les charges de la Compagnie au même titre que l'intérêt et l'amortissement des obligations et des actions.

Tout train qui rapporte moins que le montant de ses dépenses spéciales est un train ONÉREUX. La différence constitue la perte nette de la Compagnie.

Le montant des dépenses spéciales rapporté à la tonne kilométrique, c'est-à-dire la *dépense spéciale pas tonne transportée et par kilomètre,* définit donc avec une précision mathématique la LIMITE INFÉRIEURE DES TARIFS RÉMUNÉRATEURS.

Tout tarif supérieur à cette dépense spéciale est rémunérateur. Tout tarif inférieur est onéreux.

Une Compagnie qui exploite a lieu d'appliquer des tarifs de toutes sortes : ici, les tarifs peuvent être élevés ; là, au contraire, IL FAUT LES ABAISSER LE PLUS POSSIBLE.

La séparation des dépenses spéciales et des dépenses générales offre donc, en exploitation de chemins de fer, une utilité de premier ordre. Cette séparation, seule, permet de déterminer la limite inférieure des tarifs rémunérateurs, limite qu'une Compagnie ne doit pas franchir dans le jeu de ses tarifs, ET DONT ELLE A SOUVENT INTÉRÊT A S'APPROCHER LE PLUS POSSIBLE.

Le champ ouvert au jeu des tarifs étant ainsi déterminé, le mérite de l'exploitant consiste à fixer, pour chaque nature de produit, le tarif dont l'application procure la plus forte recette nette possible.

§ 2. — DÉTERMINATION DE LA LIMITE INFÉRIEURE DES TARIFS RÉMUNÉRATEURS.

On ne trouve aucune trace de la *limite inférieure des tarifs rémunérateurs* pour les transports des voyageurs et pour les transports des marchandises, dans les documents statistiques publiés chaque année par les Compagnies.

Ces documents statistiques, d'ailleurs très-précieux, fournissent bien avec précision le *prix de revient moyen total d'un train*, et le *prix moyen de traction d'un train*. Mais, dans ces prix moyens, les dépenses spéciales ne sont pas séparées des dépenses générales, si ce n'est pour quelques dépenses de traction; en outre, les diverses natures de trains sont confondues ensemble. Par ces raisons, on ne saurait dégager des divers groupes hétérogènes de dépenses le PRIX DE REVIENT SPÉCIAL DE CHAQUE NATURE DE TRAIN, EXPRESS, OMNIBUS,

MIXTE, MARCHANDISES, etc., partant, la limite inférieure dont la connaissance est nécessaire.

J'ai demandé aux directeurs, aux ingénieurs, aux administrateurs des Compagnies, quelle est la limite inférieure des tarifs rémunérateurs ; je l'ai demandé à des chefs de services commerciaux, les plus intéressés à la connaître, car le rôle essentiel de ces fonctionnaires, dans le service d'exploitation, est de faire mouvoir les tarifs. Personne n'a pu me l'indiquer. J'en ai conclu que personne ne la connaissait, et je me suis mis à l'œuvre pour la rechercher.

J'ai opéré sur l'exploitation de la Compagnie du Midi, pour l'exercice 1860.

Cette recherche a fait l'objet d'un in-folio de 115 pages inondé de chiffres (1).

(1) J'ai fait hommage de ce travail manuscrit à la Compagnie du Midi. Mes calculs, dont j'atteste l'exactitude, parce que je les ai tous faits personnellement, peuvent donc être vérifiés.

Je crois utile de faire cette déclaration à cause de l'importance que j'attache, dans la suite de cette étude, aux résultats obtenus par ces calculs.

Le manuscrit, par les nombreux modèles d'imprimés qu'il renferme, autant que par la marche suivie dans la décomposition des chiffres, offre le type de la méthode à suivre pour l'établissement annuel, dans une Compagnie quelconque, des prix de revient spéciaux.

Dans la décomposition faite, quelques chiffres n'ont pu être obtenus avec une précision mathématique, parce que le budget de la Compagnie du Midi, quoique très-détaillé, n'offrait pas une séparation encore suffisante des dépenses. Lorsque ce cas s'est présenté, j'ai toujours pris pour dépense spéciale une limite supérieure.

Ainsi, toute recherche des prix de revient ultérieure, faite avec plus de précision, ne peut que donner des prix inférieurs à ceux que j'ai obtenus.

Voici mes conclusions, en ce qui concerne les trains de marchandises :

La dépense spéciale ou prix de revient spécial d'un kilomètre de train de marchandises est :

Pour les *trains de marchandises avec machines ordinaires*, de . . . . 1 fr. **805,820**

Pour les *trains de marchandises avec machines Engerth*, de. . . . . 2 fr. **650,015**

La charge moyenne des wagons a été, pendant l'exercice, de 4 tonnes 91 ;

Les trains de marchandises à machines ordinaires peuvent remorquer 20 wagons chargés ;

Les trains de marchandises à machines Engerth peuvent remorquer 32 wagons chargés.

On tire de ces données les conclusions suivantes :

Dans les trains de marchandises a machines ordinaires, les tarifs deviennent rémunérateurs a partir des limites suivantes :

Charge des trains (maximum) : 20 wagons chargés ;

Wagons chargés à 4 tonnes 91 : — 0 FR. 018 (1) PAR TONNE ET PAR KILOMÈTRE.

Wagons chargés à 10 tonnes: —0 FR. 009 PAR TONNE ET PAR KILOMÈTRE.

DANS LES TRAINS DE MARCHANDISES A MACHINES ENGERTH, LES TARIFS DEVIENNENT RÉMUNÉRATEURS A PARTIR DES LIMITES SUIVANTES :

Charge des trains (maximum) : 32 wagons chargés;

Wagons chargés à 4 tonnes 91 : — 0 FR. 017 PAR TONNE ET PAR KILOMÈTRE.

Wagons chargés à 10 tonnes : — 0 FR. 008 PAR TONNE ET PAR KILOMÈTRE.

Ces résultats sont susceptibles de varier d'un exercice à l'autre, d'une Compagnie à l'autre. D'ailleurs, les conditions du service de la Compagnie du Midi n'étaient pas, en 1860, identiques à celles des autres Compagnies. La double voie, le service de nuit, n'existaient pas sur toutes les parties des lignes principales.

Mais parmi les divers éléments qui entrent dans la composition du prix de revient, il en est un si grand

---

(1) M. Moussette dit, dans son rapport à la commission d'enquête, (page 86 de l'ouvrage cité), en parlant de la Compagnie du Great Northern : « La compagnie estime que le transport de la houille, traction et entretien du matériel, lui coûte 0 d. 1/4 (0 fr. 026) par tonne et par mille, ou 0 FR. 016 par kilomètre. »

S'il s'agit de transports à charge moyenne, il y a concordance entre ce prix et celui que je cite.

M. Moussette, d'ailleurs, ne rapporte pas d'autres prix de revient, nombre de semblables, dans toutes les Compagnies, *solde du personnel*, *prix des matières*, *quantités usées*, etc., que l'on peut admettre aisément cette proposition : UN TRAIN COUTE A PEU PRÈS LE MÊME PRIX SPÉCIAL KILOMÉTRIQUE SUR TOUTES LES LIGNES.

Si, d'ailleurs, il devait exister des différences importantes entre les prix de revient spéciaux des diverses lignes, ces différences seraient toutes favorables aux autres Compagnies : leurs prix de revient spéciaux seraient moindres que ceux de la Compagnie du Midi, la dernière créée, celle, par suite, dont les dépenses n'ont pu encore atteindre le degré d'économie qui correspond à un service déjà ancien, à une exploitation complète dans toutes ses parties et à un trafic très-développé.

J'admettrai donc, jusqu'à ce que de nouvelles recherches aient fait ressortir les différences possibles, que ***les prix de revient spéciaux de la Compagnie du Midi, exercice 1860, sont applicables à toutes les Compagnies.***

Il importe de remarquer, d'ailleurs, que, par des progrès nouveaux, par des économies nouvelles, par l'abaissement général des prix de toutes choses et par l'accroissement même du trafic, ces prix de revient sont destinés à baisser successivement.

Ainsi, une Compagnie RÉALISE UN BÉNÉFICE, d'ailleurs très-minime, A 1 CENTIME PAR TONNE ET PAR KILOMÈTRE, en transportant *par train et wagons complets;* A 2 CEN-

TIMES, le transport s'effectuant *par train complet et charge moyenne des wagons.*

Le bénéfice augmente, les mêmes tarifs étant appliqués, sur les portions de lignes dont les pentes permettent d'atteler au train plus de vingt wagons chargés, ce qui a lieu en général (1).

J'ajoute aux extraits précédents du manuscrit cité la donnée suivante, résultant de mes calculs :

LES DÉPENSES SPÉCIALES DES TRAINS DE MARCHANDISES FORMENT, POUR LES TRAINS DE MARCHANDISES, AVEC MACHINES OR-

---

(1) Je saisis ici l'occasion de faire ressortir un argument en faveur des *courbes* contre les *pentes* dans le tracé des chemins de fer :

Dans le service d'exploitation, le chef du mouvement règle, section de ligne, par section de ligne, le maximum de véhicules que chaque nature de train doit remorquer.

Plus les pentes sont douces, plus le maximum de charge est élevé.

Je suppose une section dont les pentes ne dépassent pas 3 ou 4 millimètres : le chef du mouvement autorise, je suppose, une charge maximum de 28 wagons chargés.

Si une autre section a des pentes de 6 ou 7 millimètres, la charge maximum est réduite à 25, à 22 wagons.

Ainsi, l'existence de fortes pentes sur une section oblige de restreindre perpétuellement le nombre de véhicules remorqués par les trains qui parcourent cette section. Il suffit de quelques kilomètres de rampes de 6, de 7 millimètres, épars dans l'étendue d'une section, pour que la section entière, dans les parties en *palier* et en *pente* comme dans les parties en *rampe*, ne puisse recevoir que des trains à charge toujours réduite. C'est une perte de tous les jours, de tous les instants.

Un accroissement de parcours de quelques kilomètres peut donc être, dans des cas nombreux, préférable à la création de fortes rampes. Mon observation ne s'applique pas au cas d'une forte rampe isolée à laquelle on affecte une machine de renfort.

DINAIRES COMME AVEC MACHINES ENGERTH, LES **0,64** DE LA DÉPENSE TOTALE D'EXPLOITATION DE CES TRAINS.

Je ferai ici une observation importante :

J'ai dit que des *dépenses générales* sont indépendantes de l'importance du trafic.

Cette indépendance n'est pas absolue; certaines dépenses générales *augmentent* quand le trafic dépasse une certaine limite.

Mais cette augmentation est toujours une *fraction faible* des dépenses générales totales.

Or, les *dépenses générales totales* sont, d'après le chiffre précédent, les **0,36** de la dépense totale d'exploitation, soit les **0,46** des *dépenses spéciales*, soit, *par tonne et par kilomètre, dans les trains complets à charge moyenne*, **0** fr. **009.**

Une *fraction faible* de 0 fr. 009 est négligeable. Il n'y a donc pas lieu de se préoccuper de l'accroissement de dépenses générales dû à un accroissement du trafic.

L'exploitant, du reste, peut, dans chaque cas particulier, s'en convaincre par un calcul simple.

CHAPITRE III.

L'ABAISSEMENT DES TARIFS FERA AUGMENTER LA RECETTE NETTE

§ Ier. PLAN DE CE CHAPITRE.

Je me propose de démontrer que l'abaissement des tarifs de chemins de fer fera augmenter la recette nette des Compagnies.

Il n'est pas possible de traiter complétement cette question. Pour discuter chacun des tarifs en vigueur, il faudrait très-bien connaître les divers intérêts qu'ils concernent. Les Compagnies qui ont un grand service organisé dans le but d'acquérir cette connaissance n'y parviennent que d'une manière imparfaite. Les tarifs fixés par elles échappent donc, jusqu'à un certain point, à toute critique directe.

Par cette raison, je n'entre pas dans le dédale des tarifs des Compagnies, certain d'y rencontrer les faits les plus contradictoires et de ne pouvoir en saisir l'enchaînement.

Je prendrai mes preuves dans les actes des Compagnies et les raisons qui président à ces actes, dans les principes économiques, dans les exemples d'industries diverses, enfin dans l'état économique et social de l'époque où nous vivons.

Je ne pourrai, d'ailleurs, signaler que très-incomplétement les raisons qui guident les Compagnies dans la détermination de leurs tarifs. Ces raisons sont généralement peu connues. C'est naturel : l'exploitation d'une ligne de chemin de fer, malgré la solidarité des intérêts en jeu, est une lutte perpétuelle engagée entre la Compagnie et le public ; il est permis à chaque camp de ne pas divulguer ses moyens stratégiques.

J'eusse même manqué d'arguments dans cet ordre d'idées, si la pensée des Compagnies sur la question des tarifs ne se fût révélée en quelques occasions dans les rapports de leurs conseils d'administration aux assemblées générales des actionnaires.

J'ai trouvé dans ces rapports certaines erreurs, tantôt sur les faits, tantôt sur les principes. Ces erreurs ont de graves conséquences : elles sont de nature à arrêter les Compagnies dans la voie des abaissements utiles de tarifs. Il est donc important de les signaler et de les combattre.

§ 2.—PREUVE TIRÉE D'UNE ERREUR SUR LA VALEUR DE LA LIMITE INFÉRIEURE DES TARIFS RÉMUNÉRATEURS.

J'ai montré que les Compagnies n'appliquent pas, en général, de tarif inférieur à **3** ou **4** centimes par tonne et par kilomètre.

J'ai dit, d'ailleurs, qu'une Compagnie bien exploitée

doit avoir une série de tarifs approchant le plus possible de la limite inférieure des tarifs rémunérateurs.

Donc, DANS LA PENSÉE DES COMPAGNIES, LE TARIF DE **3** OU **4** CENTIMES PAR TONNE ET PAR KILOMÈTRE, ENVIRON, REPRÉSENTE LA LIMITE INFÉRIEURE DES TARIFS RÉMUNÉRATEURS.

L'opinion suivante de la Compagnie du Nord confirmerait, s'il était nécessaire, cette conclusion :

« Nous avons, disait-elle en 1860 (1), perçu, en moyenne, sur les transports de houilles, les plus petites distances étant comprises dans l'ensemble, le prix de **0** fr. **0397** par tonne et par kilomètre; il se trouve que nous avons ainsi devancé les réductions qui, dans une haute pensée de bienveillance pour l'industrie nationale, ont été signalées comme un but à atteindre; il est difficile que l'on demande, sous ce rapport, à la Compagnie plus qu'elle n'a fait.»

J'ai cité, il est vrai, des cas exceptionnels où les Compagnies ont créé des tarifs inférieurs à 3 centimes. Mais elles considèrent ces tarifs comme onéreux; dans leur pensée, elles s'imposent, en les appliquant, un sacrifice présent en vue de développer ultérieurement certaines branches de leur trafic : « Aussi, dit la Compagnie d'Orléans (2) en parlant des populations appelées à jouir de ses tarifs exceptionnels de plâtre, n'avons-nous pas hésité à faire en leur faveur de larges sacrifices, laissant à l'avenir le soin de nous rémunérer. »

---

(1) Nord, Rapport de 1850, p. 16.

(2) Orléans, Rapport de 1857, p. 26.

Les résultats de la recherche que j'ai opérée sur la Compagnie du Midi, exercice 1860, pour déterminer cette limite inférieure, me prouvent qu'en adoptant **3** ou **4** centimes pour cette limite, les Compagnies commettent une erreur également préjudiciable à leurs intérêts et à ceux du public.

Cette erreur s'explique si, comme j'ai déjà été conduit à le supposer, la limite inférieure des tarifs rémunérateurs n'a point encore été déterminée.

Dans la non connaissance de cette limite, il était prudent de s'en tenir sans cesse assez éloigné pour être certain de ne pas la franchir par des tarifs onéreux.

Or, la recherche de la limite inférieure m'a donné, ainsi que je l'ai dit précédemment, les chiffres de **2** et **1** centimes.

IL EXISTE DONC ENTRE LES LIMITES DE **1** CENTIME, ET **3** OU **4** CENTIMES PAR TONNE ET PAR KILOMÈTRE, UNE ÉCHELLE DE TARIFS UTILEMENT APPLICABLES ET NON ENCORE APPLIQUÉS.

Il n'est pas douteux que les Compagnies, après avoir constaté l'existence de cette échelle, n'en fassent usage pour abaisser leurs tarifs et en étendre l'action. Leur intérêt autant que l'intérêt général du pays les sollicite dans cette voie libérale.

Je vais le prouver par un exemple :

Je suppose qu'une ligne de chemin de fer traverse un bassin houiller.

La houille est vendue sur le carreau de la mine au prix de 12 fr. la tonne, par exemple.

Le prix auquel l'industrie peut payer la houille est très-variable, selon les conditions propres à chaque établissement industriel. Je vais raisonner sur le prix hypothétique de 30 fr. la tonne

La houille peut, dans ces conditions, être portée à une distance du bassin telle que le prix du transport total soit, au maximum, 18 fr.

Cette distance sera :

Au tarif de	10 c.	par tonne et	par kilom.,	de	180 kilom.
—	5	—	—	de	360
—	4	—	—	de	450
—	3	—	—	de	600
—	2	—	—	de	900
—	1	—	—	de	1,800

La Compagnie, plutôt que d'arrêter ses tarifs de houille au tarif minimum de 4 cent., par exemple, qui limite à 450 kilomètres le rayon de circulation de la houille, a, DANS TOUS LES CAS, intérêt à établir, soit sur son propre réseau, soit, s'il n'est pas assez long, par tarifs communs avec d'autres Compagnies,

Pour les distances de	600 kilom.,	le tarif de	3 c.	ou moindre.
—	900	—	2	—
—	1,800	—	1	

Ces tarifs, en effet, auront une grande efficacité : le bassin houiller fécondera toute une contrée nouvelle, non-seulement en y alimentant les industries établies, mais encore en appelant dans cette contrée des industries qui, jusqu'alors, en étaient exclues par des tarifs inabordables.

Le chemin de fer fera donc des transports de houille QUI N'EUSSENT JAMAIS EU LIEU sans l'existence des tarifs que j'indique, et ces transports seront RÉMUNÉRATEURS.

Les considérations que je présente, relatives à un centre de production de houille, sont applicables aux lieux de production de toutes sortes de matières.

Ainsi donc, d'une manière générale, une Compagnie, partout où elle observe que le *rayon de circulation* d'un produit est limité, doit remanier ses tarifs dans les parties qui sont improductives, afin d'étendre ce rayon jusqu'à l'extrémité du réseau, et, s'il y a lieu, jusqu'au-delà.

L'application de ces nouveaux tarifs produira une recette qui s'ajoutera à la recette actuelle. La recette due à des tarifs rémunérateurs étant toujours supérieure à la dépense, la recette nette totale augmentera.

La détermination exacte de la limite inférieure de tarifs rémunérateurs sera utile aux Compagnies à un autre point de vue, et l'observation que je présente ici est capitale :

Il arrive, par exemple, que, cette limite inférieure étant 1 centime, le tarif de 3 centimes est celui qui, sur une ligne, et pour un certain produit, rapporterait la plus forte rémunération.

Jusqu'à présent, les Compagnies n'eussent pas appliqué à ce produit le tarif de 3 centimes.

Elles le feront désormais.

Elles appliqueront, de même, ce tarif à tous les transports placés dans les mêmes conditions.

Leur recette nette augmentera donc.

Cette observation, on le reconnaît, présente, ainsi que je le signale, un haut intérêt. Une latitude nouvelle de 2 ou 3 centimes dans le champ des tarifs applicables, latitude dont l'existence est certaine, est susceptible de justifier un REMANIEMENT GÉNÉRAL DES TARIFS DE CHEMINS DE FER.

§ 3. — DIGRESSION SUR LES ABAISSEMENTS POSSIBLES DU TARIF MOYEN PERÇU.

J'ai dit que le tarif moyen perçu sur tous les chemins de fer en 1861 avait été de **0,0664** par tonne et par kilomètre.

Voici l'opinion qu'exprimait, en 1860, la Compagnie de Lyon-Méditerranée (1) sur un tarif moyen de cette valeur :

« Il ne faut pas d'ailleurs se faire d'illusion : on demande de nouveaux abaissements et l'on en attend des résultats considérables pour le commerce et pour l'industrie. Mais quelque idée que l'on se fasse du prix de revient des transports sur les chemins de fer, on ne peut pas admettre que des tarifs qui dépassent à peine

(1) Lyon-Méditerranée, Rapport de 1860, p. 27.

6 centimes en moyenne laissent une marge bien étendue. Les abaissements que comportent des prix déjà si réduits ne sauraient donc être qu'insignifiants, et il est évident, par conséquent, qu'on ne trouvera pas là les éléments d'une rénovation industrielle et commerciale. »

La Compagnie de Lyon, en considérant comme devant être insignifiants les abaissements possibles ultérieurs du tarif moyen perçu, semble admettre que les tarifs des matières premières sont à peu près arrivés à leur dernière limite d'abaissement, et que, d'une manière générale, le trafic des chemins de fer et les tarifs sont parvenus à leur état d'équilibre définitif.

Cette conclusion est inadmissible; à priori, elle heurte toutes les présomptions naturelles qu'inspire la simple notion des rapports existant entre les chemins de fer et l'état économique du pays; elle va à l'encontre de toutes les espérances.

L'étude approfondie des éléments essentiels de la question m'a prouvé, ainsi qu'il résulte du chapitre précédent, qu'elle n'est pas fondée.

Il est certain que lorsque des tarifs de 2 et même de 1 centime par tonne et par kilomètre seront appliqués, ces tarifs produiront une masse considérable de transports. Le tarif moyen perçu sera donc fortement attiré par cette masse vers la région des tarifs qui lui auront donné naissance.

On conçoit quel changement dans l'état économique de la France aurait lieu, si, par exemple, le tarif moyen perçu par tonne et par kilomètre, au lieu d'être de 6 cent., était réduit de moitié, par exemple.

Il est donc possible, contrairement à l'opinion de la Compagnie de Lyon, d'opérer, par la réforme des tarifs de chemins de fer, « une rénovation industrielle et commerciale. »

Il ressortira amplement de considérations ultérieures que l'abaissement progressif du tarif moyen perçu donnera lieu à un accroissement progressif de la recette.

§ 4. — PREUVE TIRÉE D'UNE ERREUR DANS L'ÉTABLISSEMENT DU PRIX DE REVIENT SPÉCIAL DES TRAINS.

Je vais prouver, en citant le langage même de la Compagnie de Lyon, que l'erreur de faits que je lui attribue dans le paragraphe précédent prend sa source dans une erreur de principe.

Dans un passage du rapport précité, la Compagnie de Lyon explique que les trains parcourant une petite distance ont un prix de revient plus élevé que ceux parcourant une grande distance. Je reviendrai sur le fond de la question ; je n'examine ici que les motifs à l'appui de l'opinion émise :

« Les frais de gare, dit cette Compagnie, comprenant le *personnel dirigeant*, les *bureaux*, et les manutentions, les machines et les chevaux employés aux manœuvres, *l'entretien des bâtiments*, le *chauffage et l'éclairage*, etc., restent les mêmes, quels que soient les trajets effectués par les marchandises : ainsi une tonne de marchandise, qu'elle ait à parcourir 30 kilomètres ou 300, coûte la même somme à enregistrer, à charger et à décharger ; elle entre aussi pour la même part, ou peu s'en faut, dans les *frais généraux du service commercial*, dans les indemnités relatives aux retards, aux erreurs, aux pertes, et aux avaries, dans les *subventions aux services extérieurs*, etc..., en un mot dans presque toutes les dépenses de l'exploitation proprement dite. De même les *charges résultant du capital immobilisé dans la construction des gares de marchandises* pèsent d'une manière égale sur toutes les tonnes transportées, quel que soit leur parcours, puisque, pour recevoir et manier une quantité donnée de marchandises, qu'elle vienne de près ou de loin, il faut le même espace de *quais*, de *hangars*, de *cours*, etc. »

Le calcul de la Compagnie de Lyon n'est pas juste. Toutes ces dépenses de personnel dirigeant, de bureaux (1), d'entretien de bâtiments et autres que j'ai soulignées, sont étrangères à la question.

Ces dépenses, en effet, sont des dépenses NÉCESSAIRES. Elles existent parce que la Compagnie existe, parce que l'exploitation est ouverte. Que tel tarif soit ou non appliqué, que tel transport ait lieu ou n'ait pas lieu, IL FAUT FAIRE CES DÉPENSES, il faut payer les services cen-

(1) En partie seulement.

traux, l'entretien des bâtiments; il faut payer les chefs de gare des marchandises, les chefs de bureaux, les chefs de station de toute la ligne.

La Compagnie occupée de déterminer un tarif ne doit donc pas plus, dans ses calculs, se préoccuper de ces dépenses qu'elle ne s'inquiète des dépenses faites pour le service des obligations et des actions. Toutes ces dépenses sont des dépenses générales; elles n'ont pas de rapport avec la question des tarifs.

Que faut-il observer quand on détermine un tarif?

Il faut d'abord que le transport dû au tarif projeté fasse entrer dans la caisse de la Compagnie plus d'argent qu'il n'en fait sortir.

Pour qu'il en soit ainsi, l'exploitant doit adopter un tarif supérieur à la limite inférieure des tarifs rémunérateurs, limite que déterminent les dépenses spéciales seules.

Que faut-il faire encore ?

Il faut choisir le tarif qui, au dessus de cette limite, produise la plus forte recette nette possible.

Pour qu'il en soit ainsi, l'exploitant doit considérer uniquement les conditions économiques de l'industrie à laquelle le tarif est destiné. On fixe un tarif élevé si l'industrie est riche, un tarif moindre si elle a peu de ressources.

Ces deux buts atteints, la question des tarifs est résolue.

Ainsi, pour déterminer un tarif, il est inutile de connaître les dépenses générales; la connaissance des dépenses spéciales est seule nécessaire.

Si, par exemple, on donne au chef du service commercial de la Compagnie du Midi, pendant l'exercice **1861**, les résultats suivants relatifs à l'exercice **1860**, résultats qui sont ceux que j'ai obtenus :

NATURE DES TRAINS.	Prix de revient spécial d'un kilom. de train.	Parcours kilométrique des trains.
	fr.	kilom.
Trains express..........................	1 205,022	356,050
Trains omnibus..........................	1 222,882	506,011
Trains omnibus mixtes....................	1 542,043	1,469,997
Trains marchandises (machines ordinaires)	1 805,820	445,448
Trains marchandises (machines Engerth) .	2 650,015	880,551

Il a, au point de vue des dépenses d'exploitation, pour s'occuper de la détermination des tarifs, les éléments nécessaires.

Maintenant, il peut lui être utile, pour aider ses combinaisons, de connaître le montant total

Des dépenses générales d'exploitation,
— du service des emprunts,
— du service des actions.

Il peut même juger à propos, comme renseignement statistique, pour varier ses aperçus, pour baser certaines appréciations, de décomposer ces dépenses, de les répartir suivant des lois de répartition diverses, entre chaque nature de trains. Les résultats ainsi obtenus peuvent être intéressants, utiles à divers points de vue; mais l'importance de ces notions est secondaire auprès de la notion essentielle du PRIX DE REVIENT SPÉCIAL et des

BESOINS DU COMMERCE : un chef du service commercial qui connaît, d'une part, le prix de revient spécial des trains, d'autre part, les besoins du commerce, peut exploiter sans connaître le montant des dépenses générales.

Cette conclusion m'amène à présenter ici une observation importante applicable à toutes les entreprises industrielles ou commerciales.

Certains industriels croient indispensable, pour se rendre compte du prix de revient de leurs produits, de faire, entre ces produits, une répartition des frais généraux.

Alors, si leur industrie fournit des produits variables de nature, et c'est le cas général, leur embarras est grand. Comment faire cette répartition? Faut-il répartir les frais généraux *également* entre tous les produits comme s'ils étaient identiques les uns aux autres? Faut-il répartir ces frais entre les divers produits *proportionnellement* au prix de revient spécial de chacun d'eux? Faut-il répartir suivant une autre loi?

Je réponds à ces diverses questions: Il ne faut pas répartir du tout.

Ce n'est pas ce qu'a fait la Compagnie de Lyon.

Je reviens au rapport de cette Compagnie:

La discussion contenue dans la citation que j'ai faite, fondée à l'égard de certaines dépenses, n'a pas de portée pour la plupart et les plus importantes des dépenses désignées.

Il y a donc lieu d'accueillir la conclusion de la Compagnie avec de grandes restrictions :

« On arrive à cette conclusion, dit-elle, que, pour cette nature de transports, les tarifs maxima des cahiers des charges sont, dans la plupart des cas, à peine rémunérateurs. »

Je traiterai bientôt, d'ailleurs, ainsi que je l'ai déjà dit, le fond de la question.

J'ai fait ressortir précédemment l'influence que doit exercer sur la recette une juste détermination de la limite inférieure des tarifs rémunérateurs : la recette nette doit augmenter.

§ 5. — PREUVE TIRÉE D'UNE ERREUR SEMBLABLE.

Je vais citer un nouvel exemple de la même erreur de principe commise par la Compagnie de Lyon dans la détermination de ses tarifs. Elle porte cette fois sur les dépenses de premier établissement:

« Les choses étant ainsi, dit cette Compagnie dans son rapport de 1860 (1), comment se pose la question des abaissements de tarifs ? Les houilles qui parcourent le réseau de Rhône et Loire dans un rayon de 60 kilomètres et au-dessous, sont soumises au tarif de 10 centimes. Ce tarif est-il exagéré? Nous répondrons sans hésiter : Non, ce tarif est au contraire à peine rémunérateur, au point de vue du capital énorme engagé sur un réseau qui, soit à raison du prix d'achat, soit à raison des dépenses de réfection, nous coûte plus de 1,200,000 francs le kilomètre. »

Le prix d'achat, les dépenses de réfection, ne concernent en rien la question des tarifs. Il n'y a aucun lien, aucune dépendance, aucune action réciproque entre les *tarifs*, d'un côté, et les *dépenses de premier établissement*, de l'autre. Ce sont deux ordres d'idées distincts n'ayant entre eux aucun rapport. Une ligne a été construite, elle existe ; le capital de premier établissement a été dépensé, les rails usés ont été changés. Toutes ces dépenses sont indépendantes de la question du trafic. Que la ligne coûte 100,000 fr. ou un million le kilomètre, le problème, pour l'exploitant, reste toujours le même à résoudre : FAIRE RAPPORTER A CETTE LIGNE LE PLUS DE BÉNÉFICE POSSIBLE.

La Compagnie de Lyon doit donc établir sur le réseau de Rhône et Loire le tarif qui doit lui procurer la

(1) Lyon-Méditerranée, Rapport de 1860, p. 35.

plus forte recette nette. Est-ce le tarif de 10 centimes? Il est permis d'en douter. Si cependant il en est ainsi, la Compagnie a raison de le maintenir. Quoi qu'il en soit, si elle établit, si elle maintient ce tarif de 10 centimes, ce n'est pas *parce que* la ligne lui coûte 1,200,000 francs le kilomètre.

J'explique complétement ma pensée :

Le tarif de 10 centimes procure à la Compagnie, d'après le compte rendu, un transport de 1,295,000 tonnes kilométriques donnant une recette de 129,500 fr.

Si le tarif de 5 centimes doit donner lieu à un transport de 4,000,000 de tonnes kilométriques,

L'accroissement de recette brute sera. .	70,500 fr.
L'accroissement de dépense spéciale de transport sera, en comptant cette dépense à 1 c. par tonne et par kilomètre, 2,705,000 tonnes à 1 c.	27,050
Accroissement de la recette nette. . .	43,450 fr.

La Compagnie aura donc raison, dans l'hypothèse où je me place, d'adopter le tarif de 5 centimes, quoique la ligne lui revienne à 1,200,000 fr. le kilomètre.

M. Pereire, président du conseil d'administration de la Compagnie du Midi, a commis la même erreur que la Compagnie de Lyon à l'égard du même chemin, dans ses réponses devant la commission d'enquête de 1860 relative au traité de commerce avec l'Angleterre :

« Je crois, dit-il, qu'il faut écarter du débat cette grande différence de 10 centimes qui ne s'applique qu'au chemin de fer de Saint-Etienne. Je n'ai pas qualité pour défendre ce chemin et M. Talabot le défendra d'ailleurs beaucoup mieux que moi; mais je puis dire qu'il a bien gagné ces 10 centimes, car il a été fait et refait, manié et remanié, et même avec un tarif de 10 centimes pour les houilles, il ne fait pas de bien bonnes affaires. »

Et, plus bas :

« Il faut, à mon avis, que chaque service trouve sa rémunération et je ne crois pas que les droits qui sont perçus sur les chemins de fer français pour le service du transport des charbons soient le moins du monde exagérés, surtout si l'on considère ce qu'a coûté l'établissement de ces chemins, à cause des droits dont, jusqu'à cette heure, les fers ont été frappés. »

La confusion est évidente.

Des considérations de même nature montrent qu'il n'y a pas lieu, dans la fixation des tarifs, d'appliquer un tarif plus élevé que le tarif ordinaire au passage de certains kilomètres de lignes dont l'exécution a exigé de grandes dépenses. Le voyageur de chemin de fer ne s'inquiète pas des difficultés présentées par l'exécution des terrassements, des travaux d'art, sur lesquels on le fait passer, ni des dépenses exceptionnelles exigées par cette exécution. Qu'il y ait eu des vallées à combler, des marais à dessécher, des terres à soutenir, des ponts ou viaducs à construire, peu lui importe. L'expéditeur de marchandises pense de même. Ce qu'ils considèrent l'un et l'autre, c'est le prix total du transport résultant de l'application du tarif.

Si ce prix leur semble convenable, ils font usage du chemin de fer; s'il leur semble trop élevé, ils s'abstiennent.

La doctrine que je développe ici attaque le principe du tarif kilométrique et justifie celui des tarifs différentiels, d'ailleurs reconnu et appliqué depuis longtemps.

Il y a lieu de faire une utile application de cette doctrine dans la détermination des tarifs du chemin de fer de Ceinture, à Paris.

§ 6. — DIGRESSION AYANT POUR OBJET LA DÉTERMINATION DE LA LIMITE INFÉRIEURE DES TARIFS RÉMUNÉRATEURS DANS LES COURTES DISTANCES.

Les Compagnies de chemins de fer font varier leurs tarifs kilométriques avec la distance.

Ces tarifs sont, en général, fortement relevés lorsque la distance du transport diminue.

Avant d'analyser ces variations, je me propose de déterminer *comment varie la limite inférieure des tarifs rémunérateurs lorsque la distance du transport varie.*

L'utilité de cette recherche est évidente :

La limite inférieure que j'ai précédemment spécifiée s'applique au transport parcourant une distance *moyenne.*

Si la grandeur de la distance influe d'une manière sensible sur cette limite, il est indispensable de mesurer cette influence.

Ainsi, je suppose que la limite inférieure s'élève beaucoup pour les transports à courtes distances.

S'il en est ainsi, ce serait une faute grave de prendre pour point de départ, dans la fixation des tarifs, la limite inférieure qui concerne les transports à distance moyenne.

Je vais opérer la recherche que j'indique : je me propose de DÉTERMINER LA DIFFÉRENCE QUI EXISTE ENTRE LE PRIX DE REVIENT SPÉCIAL D'UN TRAIN PARCOURANT LA DISTANCE MOYENNE ET CELUI D'UN TRAIN PARCOURANT UNE DISTANCE MOINDRE.

Les trains de marchandises se créent de la manière suivante : les expéditeurs se présentent ; les agents de la Compagnie font la *reconnaissance*, l'*enregistrement* des marchandises, le *chargement* dans les wagons et les *manœuvres* nécessaires à la formation du train ; puis le train circule.

Quelle que soit la longueur parcourue dans cette circulation, les dépenses de ces divers services sont les mêmes.

Elles constituent donc une ***dépense constante*** qui affecte également chaque train de marchandises, ***quelle que soit la longueur de son parcours.***

A l'arrivée à destination, on opère, de même, les ***manœuvres*** de train, le ***déchargement*** des wagons, la ***reconnaissance***, la ***livraison*** de la marchandise.

Les dépenses de ces services ont le même caractère que les précédentes : comme elles, elles doivent affecter également chaque train de marchandises, ***quelle que soit la longueur de son parcours.***

Ces ***dépenses constantes par train*** doivent être réparties sur le nombre total de kilomètres parcourus par le train.

Plus ce nombre est faible, plus la part kilométrique est grande.

Je vais la calculer dans diverses hypothèses.

J'extrais de mon manuscrit sur la Compagnie du Midi, exercice 1860, le tableau suivant :

INDICATIONS DU BUDGET DES DÉPENSES	NATURE DES DÉPENSES.	DÉPENSE SPÉCIALE par kilomètre de train de marchandises.	
		à machine ordinaire	à machine Engerth
Titre IV.—Chap. I. Art. 2	Personnel de comptabilité	0 082,011	0 146,450
Id. Id. Art. 4	Personnel de manœuvres et chargements........	0 268,990	0 518,055
Id. Id. Art. 5	Dépôts et réserves.......	0 034,440	0 034,440
Id. Chap. II. Art. 1	Frais de traction et de manœuvres...............	0 011,934	0 022,983
Id. Id. Art. 2	Consommations diverses des gares..............	0 006,486	0 006,486
	TOTAUX...	0,403,861	0 728,414

J'ai inséré dans ce tableau toutes les dépenses spéciales précitées qui, par leur nature, sont indépendantes de la distance parcourue.

J'avais décomposé ces dépenses par kilomètre de train parcouru pour déterminer la limite inférieure des tarifs rémunérateurs dans l'hypothèse d'une distance parcourue *moyenne.*

Je vais reconstituer la dépense totale pour la décomposer, non plus par *kilomètre de train*, mais *par train.*

Les trains à machines ordinaires ayant parcouru dans l'année 445,448 kilomètres, les trains à machines Engerth en ayant parcouru 880,551, la reconstitution de la dépense totale donne une somme de 821,304 francs 74 centimes.

Il faut maintenant répartir cette somme *par train :*

Il y a eu, pendant l'exercice, 16,123 trains de marchandises.

La somme de 821,304 fr. 74, répartie entre 16,123 trains, donne 51 fr. *par train.*

Mais ces trains sont de deux sortes et ont eu des compositions moyennes différentes :

La composition moyenne des *trains à machines ordinaires* a été de 16 véhicules 98, pendant l'exercice. Celle des *trains à machines Engerth* a été de 32 véhicules 40.

Il faut affecter à ces deux natures de trains des sommes proportionnelles à leurs compositions moyennes, car la dépense par train est à peu près proportionnelle au nombre de wagons qu'il remorque.

En faisant le calcul, on trouve que

TOUT TRAIN DE MARCHANDISES PARCOURANT UNE PETITE OU UNE GRANDE DISTANCE EST GREVÉ POUR SA PRÉPARATION, AVANT DE CIRCULER, D'UNE DÉPENSE SPÉCIALE CONSTANTE DE

35 FR. 08 C. POUR LE TRAIN A MACHINE ORDINAIRE.

66 FR. 92 C. — — ENGERTH,

Ces sommes différencient donc les trains à petits parcours des trains à grands parcours.

Toutes les autres dépenses spéciales des trains sont proportionnelles au nombre de kilomètres parcourus.

Or, j'ai déjà dit qu'un train de marchandises coûte

A machine ordinaire	1 fr. 805,820
— Engerth	2 fr. 650,015

Je retranche de ces prix de revient les parts dues à la répartition de la somme de 821,304 fr. 74 c., parts qui sont les suivantes, comme je l'ai indiqué plus haut :

Trains à machines ordinaires	0 fr. 403,861
— Engerth..	0 fr. 728,414

Il résulte de ces chiffres que

UN TRAIN DE MARCHANDISES A MACHINE ORDINAIRE COUTE 35 FRANCS 08 C., PLUS, PAR KILOMÈTRE PARCOURU, 1 FRANC 401,959.

UN TRAIN DE MARCHANDISES A MACHINE ENGERTH COUTE 66 FRANCS 92 C., PLUS, PAR KILOMÈTRE PARCOURU, 1 FRANC 921,601.

En faisant les calculs, on trouve les limites suivantes :

Limites inférieures des tarifs rémunérateurs, pour les trains de marchandises

	A MACHINES ORDINAIRES,		A MACHINES ENGERTH,	
	PARCOURANT, A CHARGE COMPLÈTE DES TRAINS, ET A CHARGE			
	Moyenne des wagons.	Complète des wagons.	Moyenne des wagons.	Complète des wagons.
KIL				
1	0.3648	0.1824	0.4300	0.2150
2	0.1894	0.0947	0.2210	0.1105
3	0.1310	0.0655	0.1512	0.0756
4	0.1016	0.0508	0.1165	0.0582
5	0.0842	0.0421	0.0956	0.0478
10	0.0490	0.0245	0.0538	0.0269
20	0.0315	0.0157	0 0329	0.0164
30	0.0257	0.0128	0.0259	0.0130
40	0.0227	0.0114	0.0224	0.0112
50	0.0210	0.0105	0.0204	0.0102
100	0.0175	0.0087	0.0162	0.0081

§ 7. — PREUVE TIRÉE D'UNE OPINION FAUSSE RELATIVE AUX TRANSPORTS A COURTES DISTANCES.

J'ai cité un passage du rapport de la Compagnie de Lyon relatif à l'élévation des dépenses dans le cas des transports à courtes distances. J'ai montré qu'une faible part de ces dépenses doit, seule, être prise en considération.

Je continue la citation des raisons présentées par cette Compagnie :

« D'un autre côté, dit-elle (1), quel que soit le trajet accompli par un wagon, il faut le même temps pour le manœuvrer, le décharger ou le recharger, et comme l'expérience indique que la durée du séjour du matériel dans les gares est beaucoup plus grande que celle des trajets, il en résulte qu'au point de vue de l'emploi du matériel, les courts trajets sont infiniment plus onéreux que les longs parcours.

Enfin, pour les transports de cette catégorie, les frais de traction s'accroissent dans une proportion considérable. Cela tient à ce que, tandis qu'avec des expéditions à grands parcours on peut former des trains marchant constamment à pleine charge, les convois desservant les transports à petites distances restent, au contraire, forcément incomplets, pendant une partie plus ou moins longue de leur trajet, soit que, partis complets, ils disséminent leur chargement sur leur route, soit qu'on ne les expédie qu'avec une partie de leur charge, afin d'y réserver de la place pour les besoins du trafic intermédiaire. »

La Compagnie d'Orléans émet une opinion semblable :

« Pour les transports à de petites distances de 10, de 20 et même de 30 kilomètres, dit-elle dans son rapport de 1860 (2), leur infériorité sur la navigation, quelque

(1) Lyon-Méditerranée, Rapport de 1860, p. 29.
(2) Orléans, Rapport de 1860, p. 42.

fois même sur le roulage, est manifeste. Le temps perdu par les moteurs et par les véhicules, qui représentent un capital considérable, rendent le prix de revient relativement très-élevé. Les tarifs concédés par les cahiers des charges sont insuffisants, dans ce cas, pour couvrir les frais. Aussi, les Compagnies de chemins de fer voient-elles sans peine ces transports leur échapper... elles ne les recherchent pas.

» Les chemins de fer sont donc impuissants à faire à bas prix les transports à petite distance. »

Je vais examiner successivement les deux causes d'élévation de dépenses indiquées dans ces deux citations :

1° L'élévation de dépense due à la perte de temps des moteurs et des wagons ;

2° L'élévation de dépense due à ce que tout wagon déposé en route oblige le train à continuer sa marche avec une charge incomplète.

Première cause.

Le temps perdu par les moteurs dans les transports à petite distance ne saurait être pris en considération :

Un train de marchandises a, par exemple, au départ, dans sa composition, un wagon chargé à destination de la première station rencontrée : le train dépose ce wagon en passant et continue sa route. Le moteur n'a perdu que le temps très-court d'une manœuvre. C'est un infiniment petit.

Quant au temps perdu par le wagon déposé, depuis le dépôt jusqu'à ce que ce wagon puisse servir à un autre transport, l'expérience montre qu'il n'y a pas lieu de s'en préoccuper.

Il arrive, en effet, qu'un wagon parcourt à peu près le même nombre de kilomètres par an dans chaque Compagnie, quoique les divers réseaux aient des longueurs très-différentes, par suite, que les distances moyennes de transport soient très-différentes aussi. C'est ce qui résulte du tableau suivant :

EXERCICE 1861.		Parcours kilométrique annuel d'un wagon en moyenne.	Longueur du réseau exploité.
Compagnie d'Orléans.		? kilom.	» kilom.
—	Lyon.	14,453	1,411
—	Nord.	13,418	967
—	Est.	17,244	1,702
—	Ouest.	19,092	900
—	Midi.	13,007	910

Ce tableau montre, d'ailleurs, que le matériel le plus utilisé n'appartient pas à la ligne la plus longue.

Voici une preuve nouvelle :

La statistique des chemins de l'Ouest distingue les *lignes de banlieue* et les *grandes lignes*.

Dans l'exploitation de ces chemins, le parcours annuel d'un wagon de marchandises a été :

	Lignes de banlieue.	Grandes lignes.
En 1859.	25,155 kil.	18,328 kil.
1860.	29,046	16,967
1861.	24,715	19,041

Ainsi les wagons à petites distances ont plus circulé dans l'année que les wagons à grandes.

Il est vrai qu'ils ont été moins utilisés. La charge d'un wagon a été en moyenne :

	Lignes de banlieue. Tonnes.	Grandes lignes. Tonnes.
En 1859.	2.08	3.71
1860.	1.94	3.65
1861.	1.93	3.79

Par suite, un wagon a transporté en marchandises :

	Sur les lignes de banlieue. — Tonnes kilom.	Sur les grandes lignes. — Tonnes kilom.
En 1859.	52,322	67,997
1860.	56,349	61,930
1861.	47,699	72,165

Mais cela tient, sans doute, à des circonstances locales.

D'ailleurs la longueur exploitée des lignes de banlieue est de 69 kilom. ; celles de grandes lignes, de 856 kilomètres.

Le rapport de ces deux longueurs est hors de toute proportion avec les rapports des chiffres précités.

Deuxième cause :

Un train part avec vingt wagons; il en laisse un

en route. La dépense spéciale du train se répartissant sur vingt wagons, le wagon déposé doit supporter sa part de répartition, non jusqu'à la distance à laquelle on le dépose, mais jusqu'à la distance à laquelle un autre wagon vient prendre sa place.

Tel est le raisonnement qu'on fait *à priori* sur les frais qu'occasionnent les wagons expédiés à courte distance.

Il suffit d'étudier le jeu des wagons sur un grand réseau pour comprendre qu'il n'y a pas lieu de se préoccuper du vide fait dans les trains par le dépôt de wagons en route. Dans le service d'exploitation, le chef du mouvement ressemble à un général de bataille qui dirige ses forces partout où elles sont nécessaires. Ses forces, ce sont les wagons, forces momentanément paralysées, quand les wagons sont chargés, forces disponibles quand les wagons sont vides. Chaque jour, il sait où sont tous ses wagons; chaque jour, il donne des ordres pour que ces wagons soient expédiés, chargés s'il y a du trafic, vides s'il n'y en a pas, sur tel ou tel point qui a des transports à fournir. Or, moins il y a de trafic sur une ligne, plus il est nécessaire de faire circuler du matériel vide pour desservir les besoins des diverses stations.

Qu'une Compagnie ne recherche que les transports à grande distance, elle sera obligée de faire circuler une grande quantité de matériel vide.

C'est là le système véritablement onéreux.

Qu'au contraire, elle ajoute aux transports actuels à grande et petite distance une masse nouvelle de transports à petite distance, chaque wagon effectuera moins de parcours à vide, son utilisation sera plus complète.

Ainsi, dans l'exemple que j'ai supposé, le wagon déposé à une station proche du point de départ pourra y arriver au moment où cette station aura besoin d'un wagon qu'elle eût fait venir vide s'il ne fût venu plein.

Je suppose encore qu'une station proche du point de départ ait un wagon chargé à expédier au delà. Il faut, en ce cas, ménager un vide dans le train à son point de départ. Mais si, au point de départ, il se trouve un wagon chargé à destination de cette station proche, le vide se trouve utilement comblé.

Le système des transports à petite distance produit donc cet effet essentiel de restreindre, par l'accroissement général de la circulation, les parcours de matériel vide.

Or, dans les conditions actuelles de l'exploitation des chemins de fer, il y a de grandes économies à opérer dans cet ordre de dépenses. Ainsi, par exemple, en 1861, le parcours kilométrique des wagons sur le réseau d'Orléans se décompose ainsi :

Wagons à marchandises chargés. .	110,149,319 kil.
Id. vides. . .	27,906,683

Comme le fait remarquer la Compagnie d'Orléans, en citant ces chiffres, « le parcours des wagons vides est de 20,21 pour 100 du parcours total des wagons employés au transport des marchandises et bestiaux. »

Une circulation plus active à petites distances restreindra de plus en plus cette proportion.

Si donc les bas tarifs à petites distances font naître des transports qui créent des vides dans les trains, ils font naître aussi des transports qui comblent ces vides, analogues, en cela, à certains végétaux exotiques qui distillent à la fois le poison qui crée le mal et l'antidote qui produit le remède.

Qu'importe qu'un train complet dépose un wagon chargé à une station proche du point de départ, si cette station lui fournit, en échange, un nouveau wagon chargé qui, de nouveau, le complète ?

Pour qu'il en soit ainsi, il faut activer le plus possible la circulation par le développement du trafic dans toutes ses parties.

Il y a une double condition à remplir pour que l'exploitation soit économique : il faut, à la fois, *que les trains aient une forte charge et que le matériel roulant circule peu à vide.*

Pour atteindre ce but, deux systèmes sont en présence, celui des transports *à grande distance*, et celui des transports *à toutes distances*. Le choix à faire entre eux n'est pas douteux.

Je conclus, en ce qui concerne la quotité des limites inférieures des tarifs rémunérateurs :

Les considérations précédentes montrent que, pour les *trains expédiés à courtes distances*, les limites inférieures sont celles que j'ai déterminées dans le paragraphe précédent. Il n'y a pas lieu d'appliquer à ces transports, en dehors des dépenses dont j'ai tenu compte, les observations faites par les Compagnies de Lyon et d'Orléans.

En ce qui concerne les transports à distances courtes faits par trains parcourant de longues distances, plus la circulation sera active, plus les limites inférieures des tarifs rémunérateurs s'approcheront, non pas des limites du paragraphe précédent, mais des limites, moindres, qui concernent les transports à distance moyenne.

Les Compagnies qui ont jusqu'à ce jour négligé les transports à courtes distances doivent donc prendre à leur égard l'initiative d'une réforme de tarifs. Leur intérêt, comme l'intérêt public, le leur commande. Il importe que, par l'application de bas tarifs, elles favorisent ardemment ces transports, partout où ils sont susceptibles de se développer.

Elles pourraient, comme base de cette réforme, appliquer aux *transports à courtes distances par trains à longues distances* les limites inférieures des tarifs rémunérateurs, déterminées dans le paragraphe précédent, relatives aux *transports à courtes distances par trains à courtes distances*.

La période la moins favorable sera évidemment celle du début, dans ce changement de système; mais dès que des mesures générales, appliquées dans un sens libéral, auront hâté la multiplication des transports à courtes distances, les Compagnies trouveront en eux une abondante source de revenus.

Les considérations que je viens de présenter sur les avantages d'une circulation active m'amènent à insister sur ce précepte général :

Une Compagnie ne doit laisser échapper aucune occasion d'accroître utilement la circulation de ses trains. Il vaut mieux faire un train dont la recette dépasse à peine la dépense spéciale que s'abstenir de le faire. Le bénéfice, quelque faible qu'il soit, entrera, tous frais spéciaux du train soldés, en addition des bénéfices déjà réalisés, et servira comme eux à payer les dépenses *chefs de gare*, *bâtiments*, etc., etc., *intérêts et amortissements*, etc., etc. En bonne exploitation, il ne faut négliger aucun bénéfice, quelque minime qu'il soit ; pour cela, il ne faut dédaigner aucun transport.

Les Compagnies auront raison d'adopter pour devise, en ce qui concerne leurs transports, ce mot que le Chrémès de Térence appliquait aux choses humaines : *Nil a me alienum puto.*

§ 8. — PREUVE TIRÉE D'UNE ERREUR SUR LA VARIATION DU TARIF KILOMÉTRIQUE SELON LA DISTANCE TOTALE DU TRANSPORT.

Les tarifs kilométriques des marchandises présentent tous, dans toutes les Compagnies, le même caractère : Ils sont, quels que soient les produits, d'autant plus élevés que la distance du transport est moindre.

D'ailleurs, les variations que ces tarifs subissent n'obéissent à aucune loi :

Le tarif kilométrique est modifié tantôt lorsque la distance totale varie de 50 kilomètres, tantôt lorsqu'elle varie de 100, de 200 kilomètres.

De même, la quantité dont on élève le tarif pour une augmentation de distance est très-variable. Ainsi, lorsque la distance diminue de 100 kilomètres, par exemple, on élève le tarif kilométrique, tantôt de 1 centime, tantôt de 2, de 3 centimes.

Je vais démontrer que ce système de fixation des tarifs est irrationnel :

Je me place dans la situation d'une Compagnie qui procède à la fixation de ses tarifs.

Il faut, comme je l'ai indiqué déjà :

Que tout tarif soit rémunérateur :

Qu'il procure la plus forte recette possible.

J'examine d'abord le premier point, la rémunération du tarif.

Je suppose que l'on adopte, ainsi que je l'ai proposé dans le paragraphe précédent, pour les *transports à courtes distances*, les limites inférieures des tarifs rémunérateurs se rapportant aux *trains à courtes distances*.

On a ainsi les limites suivantes, déterminées pour les trains à charge moyenne :

Transports à	1	kilomètre	0 fr. 4300
—	2	—	0 2210
—	3	—	0 1512
—	4	—	0 1165
—	5	—	0 0956
—	10	—	0 0538
—	20	—	0 0329
—	30	—	0 0259
—	40	—	0 0224
—	50	—	0 0204
—	100	—	0 0162

Ces chiffres montrent qu'au-dessus de 100 kilomètres, il n'y a pas lieu, au point de vue de la dépense, de tenir compte de la variation de la distance de transport.

Ils montrent aussi que, pour des distances supérieures à 30 kilomètres, la dépense kilométrique augmente de moins de 1 centime.

Ceci posé, j'étudie le second point. Il faut faire la plus forte recette nette possible.

En admettant un instant que la dépense kilométrique du transport soit invariable, quelle que soit la distance totale du transport, une Compagnie doit-elle adopter *invariablement* le principe de la *diminution du tarif kilométrique selon l'augmentation de distance?*

Non, et je vais le prouver :

Je suppose qu'à un rayon de 100 kilomètres l'industrie de la contrée soit pauvre, ait par suite besoin d'aide, d'encouragement; qu'à un rayon de 200 kilomètres, l'industrie de la contrée soit riche.

Il conviendra d'offrir pour un même produit, la houille par exemple, à la première un tarif kilométrique moindre qu'à la seconde.

Or, ces situations se rencontrent à chaque instant dans la pratique, par cette raison qu'il n'y a aucun rapport entre l'état topographique et l'état économique des contrées.

Ainsi, les tarifs kilométriques des Compagnies devraient, dans l'hypothèse d'une dépense kilométrique de transports invariable, *tantôt augmenter avec la distance du parcours, tantôt diminuer.*

En réalité, les tarifs kilométriques actuels des Compagnies ne présentent pas ce caractère. Ainsi que je l'ai dit, ils sont *toujours* d'autant plus élevés que la distance du transport est moindre.

Cette circonstance prouve que les Compagnies sont essentiellement dominées, dans la fixation des tarifs kilométriques selon la distance du transport, par la question de dépense.

Or, j'ai montré qu'à partir des distances de 100 et

même de 30 kilomètres, l'influence de la distance du transport sur la dépense kilométrique est insensible.

La plupart des variations de tarifs kilométriques selon la distance du transport adoptées par les Compagnies ne sont donc pas fondées.

En les modifiant d'après les motifs et sur les bases que j'indique, les Compagnies suivront un régime plus rationnel, et, par suite, leur recette nette augmentera.

§ 9. — PREUVE TIRÉE D'UNE ERREUR DE FAIT SUR LA VARIATION DES DÉPENSES DUE A LA VARIATION DU TRAFIC.

La Compagnie du Nord exprime, à l'égard des dépenses d'exploitation, une opinion qu'il est nécessaire de réfuter :

« C'est un fait reconnu, dit-elle dans son rapport de 1857 (1), que les transports à petite vitesse, en raison de leur manutention et de leur tarif bas, ne peuvent se développer sans entraîner une augmentation à peu près proportionnelle de la dépense. »

Cette proposition, si affirmative, est contraire à celle qu'énonce, en termes non moins positifs et avec plus de justesse, sur le trafic en général, la Compagnie de l'Ouest dans son rapport de 1862 (2).

(1) Nord, Rapport de 1857, p. 21.

(2) Ouest, Rapport de 1862, p. 42.

« Lorsque la recette brute augmente, dit cette Compagnie, la dépense ne doit pas, toutes choses égales d'ailleurs, augmenter dans la même proportion...

» C'est un principe qui se vérifie et se confirme sur tous les chemins. »

A priori, l'assertion de la Compagnie du Nord tombe d'elle-même. Pour qu'elle fût exacte, il faudrait que les dépenses générales d'exploitation fussent très-faibles dans le service des chemins de fer. J'ai dit que ces dépenses forment les 0,36 de la dépense totale.

Je vais d'ailleurs combattre cette assertion en citant les faits accomplis dans la Compagnie du Nord elle-même :

La dépense totale d'exploitation d'un train, par kilomètre de parcours, a été, en moyenne, sur le chemin du Nord :

En 1853 de	2 fr.	008
1854	2	093
1855	2	250
1856	2	389
1857	2	328
1858	2	257
1859	2	221
1860	2	215
1861	2	156

Si la longueur du réseau exploité eût toujours été la

même, ces chiffres donneraient raison à la Compagnie.

J'admets, en effet, un instant cette hypothèse d'une longueur invariable. En ce cas, la dépense moyenne d'un kilomètre de train ayant été invariable, il faut en conclure que les dépenses croissent proportionnellement au nombre de kilomètres parcourus par les trains, partant, proportionnellement au trafic.

Mais, en réalité, la longueur du réseau a augmenté successivement.

Elle a été :

En 1853 de	710 kilom.
1854	710
1855	730
1856	795
1857	817
1858	891
1859	947
1860	967
1861	967

L'accroissement de longueur exploitée produit toujours un accroissement de dépenses.

Donc, si le trafic se fût développé pendant cette période, sur une longueur de réseau invariable, les résultats obtenus eussent prouvé que *la dépense kilométrique des transports diminue lorsque le trafic augmente.*

Voici, du reste, une preuve plus précise de cette proposition :

Dans la Compagnie d'Orléans, la dépense moyenne par kilomètre a été

En 1854 de . . .	14,982 fr.	90 c.
1861 de . . .	14,106	88

c'est-à-dire à peu près la même.

Avec cette même dépense, la Compagnie a transporté par kilomètre exploité,

	Voyageurs kilométriques.	Tonnes de marchandises kilométriques.
	—	—
En 1854	269,533	219,784
1861	287,137	343,809

Ainsi, avec la même dépense par kilomètre, la Compagnie d'Orléans a transporté en plus, en **1861**, par kilomètre exploité :

17,604 voyageurs kilométriques, soit 7 pour **100**.
124,025 tonnes kilométriques, soit 56 pour **100**.

On ne peut donc pas établir la proportionnalité des dépenses d'exploitation au trafic.

Je ne compare pas les dépenses de deux Compagnies différentes : en **1861**, le Nord a transporté par kilomètre exploité en plus qu'Orléans, avec la même dépense kilométrique :

58,011 voyageurs kilométriques.
202,657 tonnes kilométriques.

D'une manière générale, il y a lieu d'observer qu'il n'est pas encore possible de saisir, dans les statistiques des dépenses des Compagnies, la loi qui lie la dépense kilométrique à l'importance du trafic. L'exploitation des chemins de fer est encore trop nouvelle. Tantôt des accidents de toutes sortes non prévus, tels que des réfections de voies, des modifications de matériel, etc., ont fortement accru la dépense d'exploitation. D'autres fois, la dépense a varié parce que les appréciations qui ont présidé à l'imputation des dépenses aux deux comptes de premier établissement et d'exploitation n'ont pas toujours été invariables. Enfin, certaines dépenses de réparation, d'entretien, faibles pendant les premières années d'exploitation d'une ligne bien construite, augmentent à mesure qu'on s'éloigne de la date de l'ouverture du service. Un effet contraire se produit par l'accroissement du trafic.

Si donc, par ces causes diverses, la dépense d'exploitation grandit à mesure que le trafic se développe, il faut se garder de conclure, de ce parallélisme momentané, dû à des causes spéciales non durables, que ces deux accroissements sont proportionnels.

C'est par une décomposition de plus en plus complète des diverses dépenses d'exploitation, par une séparation bien tranchée entre les dépenses qui peuvent survenir accidentellement et les dépenses normales d'exploitation, que les Compagnies pourront se rendre un compte exact de l'influence réelle d'un accroissement du trafic sur la dépense.

La rectification que je fais dans ce paragraphe est

surtout favorable aux produits dont les tarifs de transport sont le plus bas.

Si les dépenses d'exploitation étaient proportionnelles au trafic, il n'y aurait pas un grand intérêt à développer les transports à tarifs faiblement rémunérateurs.

Les Compagnies, au contraire, accroîtront leurs recettes nettes en donnant à ces transports toute l'extension dont ils sont susceptibles.

§ 10. — PREUVE TIRÉE DE LA TIMIDITÉ DES COMPAGNIES A L'ÉGARD DES BAS TARIFS.

Il n'y a pas longtemps que l'attention des économistes s'est arrêtée sur les effets des abaissements des tarifs. Chacun se rend bien compte vaguement de ces effets, mais les principes d'où ils dérivent ne sont pas encore établis; quoique l'on ait déjà beaucoup écrit dans ce siècle sur cette question, la théorie des tarifs reste toujours à faire.

Aussi sommes-nous encore très-neufs dans cette matière; nous apprécions d'une manière encore très-imparfaite l'influence des tarifs sur la condition des industries.

L'histoire de la création des chemins de fer offre un exemple frappant de notre inexpérience dans ce genre de calculs : les prémisses du trafic des lignes ont renversé l'échafaudage des prévisions qui avaient servi de base à la constitution des Compagnies.

Il est surtout digne de remarque que les Compagnies n'aient pas prévu, en ce qui concerne le transport des marchandises, l'accroissement considérable de trafic qui devait bientôt se manifester dans leur exploitation. D'ordinaire, la possession d'une source encore inexploitée de richesse fait naître bien des illusions : En trafic de chemin de fer, les espérances les plus hasardées ont été dépassées par la réalité.

Il est curieux de lire dans les rapports aux assemblées l'expression de l'étonnement des Compagnies à cet égard :

« En vous parlant de l'exploitation, disait la Compagnie d'Orléans en 1848 (1), nous vous avons signalé le rapide développement des transports de marchandises. En France, comme en Angleterre, pour tous les chemins de fer construits avant l'expérience acquise de cette partie spéciale du service, les prévisions les plus larges ont été trompées à ce point qu'il a fallu tripler et quadrupler les gares couvertes et découvertes qui y avaient été affectées. »

(1) Orléans, Rapport de 1848, p. 21.

« Il faut se rappeler, disait la Compagnie d'Orléans à Bordeaux en 1849 (1) que, dans l'origine de l'établissement des voies de fer, le transport des voyageurs était généralement considéré comme la partie la plus sûrement productive de l'exploitation. Le transport des marchandises n'était compté que comme un accessoire secondaire qui, dans les probabilités alors reçues, devait venir comme une sorte d'appoint compléter ou arrondir les recettes des voyageurs.

» Ici, au contraire, si nous avons vu, par un effet de force majeure, diminuer le service des voyageurs, nous voyons le service des marchandises s'élever progressivement comme une principale source productive de notre trafic, dès lors qu'il nous a donné, dans des branches essentielles, des produits supérieurs à ceux des exercices précédents. »

La Compagnie du Nord disait en 1853 (2) :

« Ces résultats dépassent assurément toutes les prévisions qu'il était raisonnable d'asseoir sur les modifications profondes que le chemin de fer du Nord devait introduire dans l'industrie des transports et dans la production agricole et manufacturière des sept départements qu'il traverse, et il fallait arriver à constater ces résultats pour croire à leur réalité. »

(1) Orléans à Bordeaux, Rapport de 1849, p. 16.
(2) Nord, Rapport de 1853, p. 18.

« Personne n'avait prévu, disait-elle encore en 1855 (1), l'immense quantité de transports qui s'effectuent sur nos lignes ; c'est pour cela que nous avons été pris au dépourvu, malgré les nouvelles commandes (de matériel roulant) que nous avons faites chaque année. »

« Dès l'ouverture de l'exploitation directe de Paris sur la Prusse et sur l'Allemagne, disait la Compagnie de l'Est en 1853 (2), la circulation s'est augmentée tout à coup avec tant de rapidité que notre matériel s'est trouvé insuffisant. Nous nous sommes vus dans la nécessité de refuser des transports. »

« Il nous reste à vous entretenir, disait en 1859 la Compagnie de l'Ouest (3), des travaux devenus indispensables dans les gares de vos anciennes lignes dont les aménagements avaient été établis à l'origine en vue d'une exploitation dont le développement ne pouvait, alors, être prévu. »

La Compagnie du Midi, vers le début de son exploitation, en 1855 (4), s'exprimait en ces termes :

» Cette recette (celle du 26 mars au 25 mai 1855)

---

(1) Nord, Rapport de 1855, p. 9.
(2) Est, Rapport de 1853, p. 4.
(3) Ouest, Rapport de 1859, p. 9.
(4) Midi, Rapport de 1855, p. 21.

est remarquable ; elle dépasse de beaucoup ce qu'on pouvait espérer de la ligne de Bayonne. »

Elle disait encore, en 1856 (1) :

« Dès à présent et sans qu'aucune route ait encore été exécutée pour faciliter l'apport de ses produits au chemin de fer, la région des Landes nous fournit des recettes doubles des évaluations sur lesquelles la concession a été faite. »

En 1861, encore, cette Compagnie, qui avait déjà eu occasion de constater une énorme progression du trafic des marchandises, parle (2) de « l'exploitation surprise, dans les derniers mois de l'année, par une affluence inattendue de marchandises. »

« Tout ce matériel, dit-elle l'année suivante (3), a été livré. Mais l'accroissement extraordinaire du trafic l'a rendu insuffisant et nous avons dû l'accroître encore. »

L'étonnement des Compagnies à la vue croissante de leur trafic de marchandises est donc un caractère général parmi elles. Leurs prévisions ont sans cesse été dépassées.

Il est remarquable qu'il en ait été ainsi, non-seulement au début de l'exploitation des chemins de fer en

(1) Midi, Rapport de 1856, p. 6.
(2) Midi, Rapport de 1861, p. 35.
(3) Midi, Rapport de 1862, p. 23.

France, mais même lorsque des lignes nouvelles, lorsque des Compagnies nouvelles, comme celle du Midi, créées longtemps après les autres, pouvaient profiter de l'expérience déjà acquise.

Je conclus de ces faits que les économistes de ce temps sont encore peu familiarisés avec la question des abaissements de tarifs, et que l'expérience acquise jusqu'à ce jour n'a pas encore suffi pour vaincre la timidité instinctive apportée par les Compagnies à prévoir les effets de ces abaissements.

Cette timidité a pour conséquence naturelle de comprimer jusqu'à un certain point, parmi elles, l'essor vers les abaissements utiles.

S'il n'en était pas ainsi, on verrait les Compagnies dépasser quelquefois le but, appliquer accidentellement des tarifs trop bas, et comme elles sont maîtresses, sous certaines conditions, de relever leurs tarifs, on trouverait dans les annales de leur exploitation de nombreux exemples de ces relèvements.

Il n'en est rien; si l'on excepte quelques cas spéciaux de relèvements de tarifs succédant à des périodes de concurrence ruineuse, les Compagnies n'ont jamais relevé leurs tarifs :

« Elle a, dès l'origine, disait en 1860 la Compagnie du Nord (1) en parlant d'elle-même, adopté la prati-

(1) Nord, Rapport de 1860, p. 16.

que des prix réduits notamment pour les matières pondéreuses et de première nécessité, et elle a cherché dans l'accroissement des quantités la juste rémunération de ses efforts. Elle n'a pas eu jusqu'à présent à se repentir d'être entrée dans cette voie ; il est tout naturel qu'elle y persiste spontanément. »

Voici encore ce que disait, en 1859, la Compagnie d'Orléans (1) discutant la question des tarifs différentiels :

« Lorsque les Compagnies, dit-on, auront réussi à détruire toute compétition, elle s'empresseront de relever leurs tarifs !

» Un passé de quinze ans répond déjà à cette supposition. Durant toute cette période, on constate des abaissements successifs et pas un relèvement ! »

Ce n'est pas, d'ailleurs, depuis l'origine des chemins de fer seulement que l'industrie des transports a reconnu l'avantage de ne pas relever ses tarifs :

« En prenant, disait M. Simons, à l'enquête de 1850 sur les tarifs différentiels (2), les tarifs des transports de roulage et des messageries depuis la première révolution, on voit que la tendance des prix a toujours été de diminuer. »

Malgré des faits si éloquents, les Compagnies met-

(1) Orléans, Rapport de 1859, p. 43.

(2) Enquête sur les tarifs différentiels, 1860, p. 92.

tent toujours une grande réserve à accorder de bas tarifs au commerce.

Sans nul doute, les abaissements opérés par les Compagnies n'ont été fructueux que parce qu'ils ont été sagement déterminés. Mais les faits que je cite prouvent qu'elles joignent à leur sagesse trop de prudence.

Si depuis dix ans elles eussent été réellement libérales, le tarif moyen perçu par elles eût, d'une année à l'autre, en présence d'un trafic toujours croissant, diminué avec une énergie croissante.

Il n'en a rien été : le tarif moyen perçu a varié, dans cette période, de la manière suivante :

De	à				
De 1852	à 1853,	variation de	0	fr.	0060
1853	1854	—	0		0067
1854	1855	—	0		0003
1855	1856	—	0		0020
1856	1857	—	0		0021
1857	1858	—	0		0005
1858	1859	—	0		0001
1859	1860	—	0		0022
1860	1861	—	0		0031

Ainsi les Compagnies n'ont pas changé de système, elles sont dans une bonne voie, mais elles y avancent trop lentement.

D'ailleurs, dans cette question des abaissements opérés, leur sagesse n'a pas tout résolu :

Que de fois une Compagnie, ayant abaissé un tarif contre son gré pour détruire une concurrence, n'a-telle pas, après avoir atteint son but, préféré maintenir que relever son tarif!

Voici un fait analogue, relatif à la disette de 1847, que je trouve dans l'enquête précitée sur les tarifs différentiels :

En 1847 (1), le chemin du Nord, voulant abaisser ses prix pour le transport du blé, demanda au gouvernement l'autorisation de ne maintenir cet abaissement que pendant six mois. Le gouvernement ne crut pouvoir l'accorder de lui-même et fit intervenir les Chambres...

En 1850, ce tarif durait encore.

Que de fois une Compagnie, après avoir accordé en hésitant et à la suite de longues et nombreuses sollicitations une diminution de tarif à une industrie, n'a-t-elle pas été étonnée de son œuvre, en contemplant la recette inattendue qui en résultait!

Les appréciations et les faits que je viens de présenter concourent pour démontrer que les Compagnies ont intérêt à s'enhardir dans la voie des abaissements des tarifs.

Il est très-utile que la réglementation administrative les favorise dans ce mouvement.

---

(1) Enquête sur les tarifs différentiels, 1850, p. 109.

§ 11. — PREUVE TIRÉE DES PRINCIPES ÉCONOMIQUES.

Je n'exposerai pas ici la théorie du monopole et celle de la concurrence.

Entre ces deux régimes, des expériences séculaires, faites en divers pays, se sont prononcées.

Il est reconnu par les nations les mieux civilisées que le régime du monopole étouffe le progrès, que le régime de la concurrence lui donne un libre essor.

On en trouvera les raisons dans les traités d'économie politique.

Elles se résument toutes dans les caractères que présentent, sous l'un et l'autre régime, les *prix de revient* et les *prix de vente*.

Voici ces caractères :

SOUS LE RÉGIME DU MONOPOLE,

Les frais généraux entrent pour une part importante dans le prix de revient des produits;

Le prix de vente des produits est égal au prix de revient augmenté d'un large bénéfice.

SOUS LE RÉGIME DE LA LIBRE CONCURRENCE,

Les frais généraux entrent pour une part faible dans le prix de revient des produits ;

Le prix de vente est égal au prix de revient augmenté d'un bénéfice modéré.

D'ailleurs,

Sous le régime des monopoles, *les prix des produits restaient, toutes conditions égales d'ailleurs, à peu près constants ;*

Sous le régime de libre concurrence, *les prix diminuent de plus en plus.*

Autrefois, on accordait des monopoles à des Compagnies pour les doter du privilége de fixer les prix selon leur gré.

Aujourd'hui, on accorde des monopoles lorsqu'on ne peut pas faire autrement et pour des raisons étrangères à la fixation des prix. Le droit de fixer les prix, inhérent au droit de monopole, n'est que la conséquence forcée d'un ordre de choses nécessaire.

Ce droit placé entre les mains d'une Compagnie qui, par la nature de sa mission, tient sous sa dépendance une grande masse d'intérêts, est une arme redoutable pour tous : si la Compagnie fixe des prix trop élevés, elle fait surgir tous les funestes effets de l'ancien régime.

Or, la fixation des tarifs élevés est la tendance naturelle des Compagnies monopoles.

Mais l'expérience du passé, les lumières de notre époque, l'esprit de notre société doivent désormais triompher de cette tendance.

Dans leur propre intérêt, dans l'intérêt de tous, les Compagnies monopoles doivent user de leur droit de fixation pour établir des tarifs qui aient les caractères des prix nés sous le régime de concurrence.

Ainsi, les tarifs de chemins de fer doivent présenter les deux caractères que j'ai spécifiés :

Il faut que les frais généraux entrent pour une part faible dans le prix de revient du transport,

Et que les prix de transport soient égaux aux prix de revient augmentés d'un bénéfice modéré.

Dans l'état actuel des tarifs, en est-il ainsi ? C'est ce que je me propose d'examiner.

Mon examen va porter sur toutes les Compagnies et sur l'exercice 1861.

Les rapports des Compagnies fournissent les éléments du tableau suivant :

EXERCICE 1861.

COMPAGNIES	DÉPENSES.				Nombre de kilomètres parcourus par les trains.	DÉPENSE PAR KIL. DE TRAIN.			
	Intérêt et amortissement des emprunts et diverses.		Intérêt des actions.			Exploitation.	Emprunts et charges diverses.	Intérêts des actions.	TOTALE.
	fr.	c.	fr.	c.	kil.	fr.	fr.	fr.	fr.
Orléans....	10.917.651	20	6.000.000	»»	9.814.538	2 120	1 112	0 611	**3 843**
Méditerran.	17.180.705	87	13.860.000	»»	17.006.900	2 644	1 010	0 815	**4 469**
Nord......	10.307.945	94	6.733.336	»»	11.105.200	2 156	0 982	0 606	**3 744**
Est (anc. r.)	9.607.474	31	10.000.000	»»	9.633.256	2 101	0 997	1 038	**4 136**
Ouest (id.).	15.179.035	32	6.000.000	»»	8.090.415	2 552	1 875	0 742	**5 169**
Midi.......	5.682.901	80	4.766.680	»»	4.241.887	2 788	1 340	1 124	**5 252**

Je suppose que dans toutes les Compagnies, comme dans la Compagnie du Midi en 1860, les dépenses spéciales forment les 0, 64 de la dépense totale d'exploitation.

Dans cette hypothèse, et d'après le tableau précédent, les dépenses totales par kilomètre et par train des Compagnies se décomposent ainsi :

EXERCICE 1861.

NATURE DES DÉPENSES.	DÉPENSE PAR KILOMÈTRE ET PAR TRAIN.						
	Orléans.	Lyon Méditerranée.	Nord.	Est (anc. réseau).	Ouest (anc. réseau).	Midi.	Moyenne des 6 Compagnies.
	fr.	fr.	fr.	fr.	fr.	fr.	fr.
Dépenses *spéciales*.	1 357	1 690	1 380	1 345	1 633	1.784	**1 531**
Dépenses *générales*.	0 763	0 954	0 776	0 756	0 919	1.004	**0 862**
Dépenses *emprunts*.	1 112	1 010	0 982	0 997	1 875	1.340	**1 219**
Dépenses *actions*..	0 611	0 815	0 606	1 038	0 742	1.124	**0 722**

NATURE DES DÉPENSES.	PROPORTION POUR 100 DES DÉPENSES.						
	Orléans.	Lyon Méditerranée.	Nord.	Est (anc. réseau).	Ouest (anc. réseau).	Midi.	Moyenne des 6 Compagnies.
Dépenses *spéciales*..	35	38	38	33	32	34	**35**
Dépenses *générales*..	20	21	20	18	18	19	**19**
Dépenses *emprunts*.	30	23	26	24	36	26	**27**
Dépenses *actions*...	15	18	16	25	14	21	**19**

Ce tableau montre que,

DANS L'ÉTAT ACTUEL DES CHEMINS DE FER LA DÉPENSE TOTALE PAR KILOMÈTRE ET PAR TRAIN SE DÉCOMPOSE COMME SUIT :

Dépense totale d'exploitation	54
Dépense des capitaux engagés	46
	100

ET AUSSI COMME SUIT :

Dépense spéciale.	35
Frais généraux	65
	100

Les frais généraux constituent donc les 65 pour 100 de la dépense totale.

Cette part est trop grande. Par conséquent, l'industrie des chemins de fer est placée dans des conditions économiques très-imparfaites; elle ne *produit* pas assez dans l'acception économique, c'est-à-dire que la circulation des trains est trop faible, car le *produit* fabriqué par les chemins de fer, c'est la *place offerte*, c'est la *tonne offerte;* si les Compagnies n'ont pas une circulation assez active, c'est parce que la *demande* de transports n'est pas assez importante, et cette demande n'est pas assez importante parce que les tarifs sont trop élevés.

Diminuez les tarifs, et aussitôt la circulation deviendra plus grande, la part des frais généraux dans la dépense totale diminuera ; le champ ouvert à cette diminution, trop grand aujourd'hui, deviendra plus restreint, et les tarifs abaissés qui auront produit ce résultat seront plus favorables aux intérêts de tous que les tarifs actuels, car ils auront mieux qu'eux, au point de vue des frais généraux, le caractère de prix fixés sous le régime de libre concurrence.

Je passe au caractère relatif aux prix de vente.

Les chiffres précédemment établis et les documents statistiques des Compagnies fournissent les éléments du tableau suivant :

EXERCICE 1861.

COMPAGNIES.	Produit moyen par kil. de train.	DÉPENSE PAR KILOM. DE TRAIN.		Différence entre le produit moyen par kil. de train et la dépense.		Rapport de chaque différence à sa dépense correspondante.	
		spéciale.	totale.	spéciale.	totale.	Dépense spéciale.	Dépense totale.
	fr.	fr.	fr.	fr.	fr.	fr.	fr.
Orléans........	7 140	1 357	3 843	5 797	3 297	4 27	0 85
Méditerranée...	7 024	1 690	4 469	5 334	2 555	3 15	0 57
Lyon...........	5 776	1 380	3 744	4 396	2 032	3 19	0 54
Est (anc. rés.)...	5 310	1 345	4 136	3 975	1 174	2 95	0 28
Ouest (anc. rés.)	6 153	1 633	5 169	4 520	0 984	2 77	0 19
Midi...........	7 490	1 784	5 252	5 706	2 238	3 20	0 42
Moyennes.	**6 482**	**1 531**	**4 436**	**4 951**	**2 046**	**3 23**	**0 46**

Ce tableau montre que

Le tarif moyen est égal au prix de revient spécial augmenté d'une rémunération variable de 427 à 277 pour 100, en moyenne, de 323 pour 100;

Et que

LE TARIF MOYEN EST ÉGAL AU PRIX DE REVIENT TOTAL AUGMENTÉ D'UN BÉNÉFICE VARIABLE DE 19 A 85 POUR 100, EN MOYENNE, DE 46 POUR 100.

Ces écarts sont beaucoup trop grands. Il n'est pas d'industrie qui, sous le régime de concurrence, ait des prix ainsi fixés.

On trouvera toujours, dans les exemples qui pourraient être cités contre cette assertion, l'absence d'une concurrence réelle.

Que les Compagnies méditent sur ces rapprochements. Leur existence embrasse une durée de plusieurs générations; l'avenir les intéresse donc autant que le présent. Puisqu'il est démontré que les tarifs les plus favorables aux intérêts du présent et de l'avenir doivent présenter le double caractère de CONTENIR UNE FAIBLE PART DE FRAIS GÉNÉRAUX ET UN BÉNÉFICE MODÉRÉ, elles doivent poursuivre sans relâche la réalisation des réformes que ce double caractère commande.

§ 12. — PREUVE TIRÉE D'UNE CONSÉQUENCE SPÉCIALE DE CES PRINCIPES.

Ainsi que je l'ai dit, les tarifs de chemins de fer doivent, le plus possible, avoir les caractères des prix déterminés sous le régime de la libre concurrence.

J'ai indiqué deux de ces caractères ; je vais en spécifier un troisième, non de même nature, mais ayant, de même, une haute signification :

Sous le régime de libre concurrence, les prix sont librement débattus, librement consentis.

Par conséquent, *ces prix satisfont pleinement les deux parties.*

C'est le caractère que je voulais faire ressortir.

Les tarifs fixés par une industrie monopole doivent, pour satisfaire tous les intérêts, produire un effet semblable ; un bon tarif doit satisfaire tout le monde.

Les Compagnies sont donc directement intéressées à tenir compte des réclamations que provoquent leurs tarifs.

Les réclamations, quand elles deviennent générales, sont fondées.

Si l'opinion publique déclare un tarif trop élevé, les exploitants, en l'abaissant, feront le plus souvent augmenter leur recette.

A cet égard, les avertissements n'ont pas manqué aux Compagnies depuis quelque temps.

On demande de tous côtés, pour la plupart des produits, et surtout pour les matières premières de l'industrie, l'abaissement des tarifs de transport. Ces sollicitations se reproduisent chaque jour dans la presse, dans des brochures, dans les enquêtes ministérielles relatives aux diverses industries, dans les discussions des grands corps de l'État.

La signification de ces vœux unanimes n'est pas douteuse : les tarifs actuels sont trop élevés.

§ 13. — DIGRESSION SUR LA CONDITION NÉCESSAIRE POUR QU'UN TARIF SOIT MEILLEUR QU'UN AUTRE.

En exploitation de chemins de fer, tout tarif kilométrique se décompose en deux parties essentielles :

La *dépense spéciale,* par tonne et par kilomètre ou *kilométrique ;*

La *rémunération,* par tonne et par kilomètre ou *kilométrique.*

La *rémunération totale,* ou *recette nette,* que produit un tarif, est égale à la rémunération kilométrique multipliée par le nombre de tonnes kilométriques transportées. C'est évident.

Le meilleur tarif, pour une Compagnie, est naturellement celui qui produit la plus grande rémunération totale.

Je suppose qu'un tarif de 5 centimes 5 existe, et que 2 centimes soit la limite inférieure des tarifs rémunérateurs.

Ce tarif se décompose comme suit :

Dépense spéciale kilométrique	2 c.
Rémunération kilométrique	3 5
Total.	5 c. 5

Je suppose maintenant qu'on diminue ce tarif dans le rapport de 3 à 2 :

Le nouveau tarif est de 3 cent. 7, et se décompose comme suit :

Dépense spéciale kilométrique	2 c.
Rémunération kilométrique	1 . 7
Total.	3 c. 7

Ainsi le tarif kilométrique baissant dans le rapport de 3 à 2 = 1,50, la rémunération kilométrique baisse dans le rapport de 3,5 à 1,7 = 2,06.

On remarquera que ce dernier rapport est nécessairement plus grand que le précédent.

Je suppose maintenant que le tarif primitif 3 c. 5 donne lieu à un transport de 20,000 tonnes kilométriques par an :

La rémunération totale est égale à

3,5	×	52.000	=	7,000 fr.
rémunération kilométrique		tonnage		rémunération totale.

Donc si, par l'abaissement de tarif, le tonnage augmente plus que la rémunération kilométrique ne diminue, le nouveau tarif est moins bon que le premier ;

Si le tonnage augmente autant que la rémunération diminue, le nouveau tarif est aussi bon que le premier.

Enfin, SI LE TONNAGE AUGMENTE PLUS QUE LA RÉMUNÉRATION NE DIMINUE, LE NOUVEAU TARIF EST MEILLEUR QUE LE PREMIER.

La proposition importante que j'établis ici prouve que la *dépense spéciale*, la *rémunération* ne sont pas des éléments momentanés de calculs, servant à des appréciations spéciales et fugitives; ce sont les éléments fondamentaux de la formation du *tarif*, ils constituent le fond des choses, sur lequel doivent reposer toutes les combinaisons auxquelles les tarifs donnent lieu. On ne peut traiter avec quelque justesse les questions de tarifs que si l'on a une notion très-précise du caractère et de la valeur de ces deux éléments.

§ 14. — OBSERVATION SUR LES PREUVES SUIVANTES.

Par extension des définitions du paragraphe précédent, dans toute industrie, le tarif se compose de deux parties :

La dépense spéciale.
La rémunération.

Le *tarif* multiplié par le *nombre de produits vendus* donne la RECETTE BRUTE.

La *rémunération*, multipliée par le *nombre de produits vendus*, donne la RECETTE NETTE.

Les variations de la recette brute dépendent uniquement des conditions économiques où la consommation se trouve placée.

Les variations de la recette nette dépendent de ces conditions, et aussi des dépenses de production spéciales à chaque industrie.

Dans les paragraphes précédents, j'ai fait entrer la considération de la *dépense de transport*, c'est-à-dire de la dépense de production. Aussi ai-je pu considérer les causes qui influent sur la recette nette.

Dans les paragraphes suivants, je vais étudier la question de l'abaissement des tarifs à un point de vue économique et général. Je ne pourrai donc m'occuper que des causes qui influent sur la recette brute.

Je ferai, toutefois, à cet égard, pour montrer l'utilité de cette étude, un rapprochement entre les variations de la recette brute et celles de la recette nette :

Plus, dans un tarif, l'élément *rémunération* est grand par rapport à l'élément *dépense spéciale*, moins on commet d'erreur en prenant la recette brute pour la recette nette ; les variations de l'une se rapprochent des variations de l'autre.

Or, dans leur état actuel, les tarifs de chemins de fer présentent ce caractère d'avoir une rémunération grande par rapport à la dépense spéciale. Dans le tarif moyen perçu, qui est. . . . . 0 fr. 0664,
la dépense spéciale entre pour. 0 0160,
et la rémunération pour. . . . . 0 0504.

Si donc je démontre que, par l'abaissement des tarifs, la recette des Compagnies doit augmenter, il y aura beaucoup plus de raisons pour que cette augmentation soit due à l'augmentation de recette nette qu'à l'augmentation de dépense spéciale.

D'ailleurs, plus la recette brute augmentera, plus elle entraînera comme conséquence l'augmentation de la recette nette.

Je ferai donc une étude offrant un grand intérêt, en même temps qu'elle complète mon sujet, en recherchant les causes qui peuvent faire accroître la recette brute des chemins de fer.

§ 15. — PREUVE TIRÉE DE L'EXEMPLE DE LA POSTE, DU TÉLÉGRAPHE ET DES CHEMINS DE FER EUX-MÊMES.

On a opéré, en France, en 1849, une importante réforme postale : le tarif des lettres a été, à dater du 1er janvier de cette année, réduit en moyenne de moitié environ.

Les chiffres suivants font ressortir les effets de cette réforme :

Années.	Nombre de lettres.	Recette brute.	Taxe moyenne perçue par lettre.	OBSERVATIONS.
		fr.		
1847	126.480.000	45.048.120	0 356	
1848	122.140.400	43.941.056	0 359	
1849	158.268.000	32.186.156	0 203	Taxe à 20 c.—1er janv. 1849.
1850	159.500.000	35.622.732	0 223	Taxe à 25 c.—1er juill. 1850.
1851	165.000.000	38.588.515	0 234	
1852	181.000.000	40.033.199	0 224	
1853	185.542.000	42.899.745	0 231	
1854	212.385.000	46.543.604	0 218	Taxes à 20 et 30 centimes.— 1er juillet 1854.
1855	233.517.000	45.835.279	0 196	
1856	252.014.800	47.882.826	0 190	
1857	252.453.800	48.041.958	0 190	
1858	253.234.000	48.874.182	0 193	
1859	258.900.000	52.017.762	0 201	
1860	263.500.000	53.479.291	0 203	
1861	274.000.000	55.600.000	0 203	

Le tarif ayant été diminué de moitié en 1849, le nombre de lettres, à partir de 1855, a plus que doublé et n'a cessé de croître depuis cette époque. Par conséquent, L'ABAISSEMENT DES TARIFS A EU POUR EFFET DE FAIRE CROÎTRE LA RECETTE BRUTE.

Je présenterai ultérieurement des considérations sur la période de 1849 à 1855, écoulée avant que cet effet ne se soit produit. Je ne constate ici que le résultat final.

La réforme postale a donc été un grand bienfait pour le pays; elle a procuré aux citoyens de grands avantages; d'ailleurs, les comptes de dépenses et recettes de l'administration des postes montrent que les bénéfices du Trésor public ont augmenté.

L'accroissement de la recette brute s'explique lorsqu'on étudie les causes qui lui ont donné naissance. Je n'insiste pas sur ces causes; mais, en méditant sur elles, on reconnaîtra que le succès d'une réforme de tarifs est favorisé dans les circonstances suivantes :

Lorsque le tarif primitif est CHER *et le produit* UTILE.— L'abaissement du tarif produit alors cet effet que chacun préfère accroître sa consommation, même en augmentant sa dépense totale, que maintenir sa consommation invariable et faire une économie de capital.

Lorsque la réforme s'adresse à des masses de population dont une partie n'avait encore pu aborder le tarif à cause de sa cherté. — L'abaissement a alors pour effet, non-seulement d'accroître la consommation des consommateurs primitifs, mais aussi de faire surgir une masse nouvelle de consommateurs donnant lieu à une recette qui s'ajoute à la recette des premiers.

Lorsque la recette est opérée dans un moment où la richesse publique augmente.—Alors, toutes autres conditions égales d'ailleurs, les consommateurs ayant des ressources croissantes, augmentent d'une manière continue leur consommation.

Enfin, *lorsque la réforme porte sur un produit dont la consommation, ainsi développée, contribue à l'augmentation de la richesse publique.* — Elle contribue alors elle-même à son propre succès.

Ces diverses circonstances :

Utilité et cherté du produit,

Accroissement du nombre de consommateurs par l'abaissement de tarif,

Moment favorable,

Réaction de la réforme sur elle-même, se sont produites pour la réforme postale :

L'utilité de la correspondance écrite n'a pas besoin d'être démontrée. Chacun l'apprécie par sa propre expérience. D'ailleurs, les relations d'affaires entre les divers points du pays n'ont jamais été si nombreuses que dans ce temps ; les divers membres d'une même famille n'ont jamais été plus dispersés ; aussi, jamais les besoins de correspondre à distance n'ont été plus grands qu'à notre époque.

La cherté de la taxe avant la réforme de 1849 était réelle ; chacun n'usait de la poste que dans les cas strictement nécessaires, et une foule de citoyens se privaient de correspondre, malgré leurs besoins ou leurs désirs, dans un but d'économie.

Depuis 1849, la richesse publique a augmenté d'une manière progressive, ce qui, toutes choses égales d'ailleurs, a accru la correspondance postale.

Enfin, l'accroissement du nombre de lettres a, lui-même, contribué au progrès général.

La réforme postale a donc été opérée dans les conditions les plus favorables.

Aujourd'hui, une grande masse de citoyens, parmi les consommateurs des catégories primitives, dépense plus d'argent en ports de lettres qu'avant la réforme, et des catégories nouvelles de consommateurs se sont ajoutées aux anciennes.

La télégraphie privée offre un exemple de même nature :

Une réforme des taxes a eu lieu le 1er janvier 1862. Les chiffres suivants, empruntés aux statistiques officielles, en montrent les résultats :

	Nombre de dépêches.	Recette brute.	Taxe moyenne perçue par dépêche.
1860	720.250	4.188.065 fr. 26	5 81
1861	920.609	4.919.737 fr. 96	5 34
1862			

Cette réforme a donc eu un effet analogue à celui de la réforme postale : les taxes ayant diminué dans un certain rapport, le nombre des dépêches a augmenté dans un rapport plus grand ; par suite, l'abaissement des taxes a eu pour effet de faire augmenter la recette.

Cette augmentation, d'ailleurs, ne fait que commencer. Il sera intéressant, dans quelques années, de commenter sur cette question.

L'analogie d'effet, entre la poste et le télégraphe,

provient d'une analogie de causes. J'ai signalé ces causes; je n'y reviens pas.

Je ferai ressortir ultérieurement la différence qui a existé entre la réforme télégraphique et la réforme postale.

Je pourrais citer, dans les industries diverses, des exemples nombreux de consommations, où un abaissement de tarif opéré, dans un certain rapport, sur un objet utile, a fait croître dans un rapport plus grand le nombre de produits vendus, par suite, a fait augmenter la recette brute de la production.

J'ai indiqué les conditions favorables à un tel effet : Il se produit avec d'autant plus d'énergie que ces conditions se trouvent mieux réalisées.

Il n'est pas de produit de l'industrie humaine dont l'utilité soit comparable à celle du transport offert.

Le transport, en effet, entre dans le prix de revient de toutes choses; il exerce donc une influence très-grande sur la détermination du prix des produits, et comme toute diminution du prix des produits équivaut à un accroissement de la fortune privée des citoyens, on voit par quelle corrélation intime et puissante la question des transports de chemins de fer, dans un pays couvert de voies ferrées, se rattache à celle de l'intérêt public. Le transport offert est le produit par excellence.

D'ailleurs, les prix des transports sont chers. Je l'ai déjà démontré ; j'ajouterai une preuve nouvelle : eu égard à la grande utilité des transports, il faut que les tarifs soient encore chers, pour que la masse des produits transportés pour nos consommations soit si faible par rapport à la masse de consommations nécessaire à nos besoins.

Nous vivons, en outre, à une époque où toutes les sources de la richesse publique produisent abondamment.

Enfin, les chemins de fer, par leur grande utilité, ont été la cause essentielle du progrès actuel, dont ils profitent. Ainsi, ils contribuent puissamment à leur propre prospérité.

L'abaissement des tarifs sera donc plus efficace pour les transports de chemins de fer que pour tout autre produit utile.

Les diverses causes que j'ai indiquées comme favorables au succès d'une réforme, sont, en ce qui concerne ces transports, toutes surexcitées.

Les résultats obtenus jusqu'à ce jour dans l'exploitation des chemins de fer confirment ces conclusions.

D'après les chiffres que j'ai cités au premier chapitre, dans les dix années écoulées de 1852 à 1861 :

Le tarif moyen perçu des marchandises a diminué de 0 fr. 0854 à 0,0664, c'est-à-dire dans le rapport de 130 à 100;

Le nombre de tonnes kilométriques par kilomètre exploité a augmenté de 145,000 fr. à 452,000 fr., c'est-à-dire dans le rapport de 100 à 310;

Par suite, la recette kilométrique a augmenté de 12,411 fr. à 30,060 fr., c'est-à-dire dans le rapport de 100 à 240.

Ces augmentations ont une signification d'autant plus grande qu'elles ont lieu sur des masses de transports plus considérables.

Je ne pouvais choisir un meilleur exemple.

Le passé des chemins de fer répond de leur avenir.

§ 16. — PREUVE TIRÉE DE L'ÉTAT ÉCONOMIQUE ET SOCIAL DE NOTRE ÉPOQUE.

Eu égard au point de vue important que je désire faire ressortir, on me pardonnera de remonter, pour ainsi dire, au déluge. Je serai bref.

L'humanité est arrivée jusqu'à la fin du dix-huitième siècle sans posséder des moteurs autres que ceux dont elle disposait à l'origine des temps.

Les *bêtes de somme* effectuaient, dans les premiers âges, les transports des caravanes, comme, au siècle dernier, elles traînaient les carrosses et les voitures de roulage.

La *force du vent* enflait, au temps de Moïse, les voiles des vaisseaux phéniciens, comme, au siècle dernier, elle poussait nos navires sur toutes les mers du monde.

La *force de l'eau* faisait mouvoir, il y a vingt siècles, sous les Ptolémées, les manufactures d'Égypte, comme, au siècle dernier, elle faisait jouer la grossière machine de Marly.

Ne m'occupant ici que des forces productives, je ne parle naturellement pas de la poudre à canon.

Aucun autre moteur, dans cette longue période, n'a aidé le travail de l'homme.

Les sociétés, à peine constituées, ont successivement étendu, perfectionné l'emploi de ces moteurs. La production s'est accrue; la masse des besoins satisfaits parmi les peuples a augmenté. La satisfaction des besoins matériels a favorisé le développement intellectuel et moral des nations. Elles se sont, de la sorte, occupées de moins détruire, de plus produire. C'est ainsi que la civilisation a progressé.

On était loin d'avoir tiré des anciens moteurs tout le parti possible; l'humanité avait encore à en perfectionner l'usage, à l'étendre sur une vaste échelle, à accomplir, par suite, de grands travaux et de grands progrès avec leur seul concours, lorsque, tout à coup, à la fin du dix-huitième siècle, on découvre un moteur nouveau, la vapeur.

Ce nouveau moteur se distingue essentiellement des anciens par sa grande supériorité sur eux en puissance, économie et commodité.

M. Michel Chevalier citait, il y a peu de temps, dans la *Revue des Deux Mondes* (1), un curieux exemple qui donne la mesure de cette supériorité : « Il faudrait avoir quarante-deux mille chevaux à l'écurie pour produire régulièrement la force motrice d'une de ces machines à vapeur que l'on place aujourd'hui dans les grands navires de guerre. » On ne pourrait d'ailleurs pas loger dans le navire l'écurie, et encore moins les greniers à foin.

La vapeur, par l'économie de son emploi, rend, à égalité de dépense, trois, quatre, dix fois plus de services, selon les circonstances, que les moteurs animés;

Par sa subtilité, par la commodité de son usage, elle est susceptible d'être appliquée à la grande masse des travaux industriels;

Enfin, par sa puissance, elle réalise des phénomènes nouveaux : l'eau, le vent, les animaux, n'ont jamais comme elle permis de transporter de lourdes masses avec une grande rapidité. D'ailleurs, des amas prodi-

(1) Livraison de novembre. — Michel Chevalier. — De l'Industrie moderne, p. 17.

gieux de houille, placés providentiellement au sein de la terre, constituent avec l'eau des sources inépuisables de production de vapeur.

La société possède donc aujourd'hui un moteur qui présente sur les anciens de très-grands avantages.

On peut prédire l'usage qu'elle fera de ce précieux auxiliaire : l'humanité est destinée à étendre de plus en plus dans les âges futurs l'application de la vapeur à son industrie, comme elle a, depuis le commencement des siècles, utilisé de plus en plus, pour ses travaux, les moteurs dont elle disposait.

Considérez, d'ailleurs, les progrès accomplis avec les anciens moteurs ; considérez la puissance relative du moteur nouveau, et vous découvrirez l'horizon immense ouvert par la vapeur à l'industrie humaine. Cet horizon est sans limites.

Les progrès réalisables avec la vapeur doivent suivre une marche bien autrement rapide que ceux accomplis avec les moteurs auxquels je la compare. Tout y convie : l'état politique des peuples, l'état moral des sociétés, leurs lumières, leurs idées sur le travail, leurs notions sur les sources de la richesse publique, la grande masse de penseurs que les populations renferment dans leur sein, enfin le progrès toujours croissant des connaissances humaines.

La découverte de la vapeur a été suivie d'une première période de recherches, d'hésitations; des machines ont été construites, modifiées, transformées. Le travail était incessant, les esprits étaient surexcités, l'art devait se perfectionner vite. Les premières applications ont eu lieu; des machines se sont bientôt substituées aux bras de l'homme, aux moteurs vivants ou mécaniques; puis les chemins de fer ont été créés. Avec eux, commence la grande rénovation industrielle du dix-neuvième siècle. Dans toutes les contrées du globe, le territoire des peuples civilisés est, en quelques années, sillonné de ces précieuses voies de communication. A peine créées, ces voies fécondent autour d'elles toutes les sources existantes de richesse, en font naître de nouvelles, transportent les produits et les idées, rapprochent les individus et les peuples; l'ère de la rénovation industrielle devient aussi celle d'une transformation sociale.

La vapeur, âme de ce mouvement, le favorise encore en s'utilisant sous mille formes dans toutes les branches du travail. Chaque jour voit éclore des machines nouvelles, des outils, des engins de toutes sortes mus par la vapeur. Chaque jour, la force motrice nouvelle est appliquée à des usages nouveaux (1).

(1) Au moment où j'écris ces lignes, on installe sur l'emplacement destiné au nouvel Opéra des machines à vapeur destinées à élever les blocs de pierres qui entreront dans la construction de l'édifice.

Si les anciens rois d'Égypte avaient eu des machines à vapeur à leur disposition, qui peut dire, en voyant les pyramides qu'ils firent construire à bras d'hommes, où se serait arrêtée leur extravagance ?

Rien ne peut donner une idée plus précise de ce grand élan industriel, en ce qui concerne la France, que les chiffres suivants puisés à une source officielle (1).

Le nombre de machines à vapeur de toutes sortes utilisées par l'industrie privée représentait :

En 1840, une force de :

56,422 chevaux-vapeur, équivalente à
169,266 chevaux de trait (3 fois plus), et à
1,184,862 hommes de peine (7 fois plus).

En 1859, une force de :

513,092 chevaux-vapeur, équivalente à
1,539,276 chevaux de trait et à
10,774,932 hommes de peine.

Ces chiffres donnent une juste mesure de l'accroissement qu'a reçu la production, en France, depuis vingt ans, et l'on sait quels liens existent entre la production et la richesse d'un pays.

Nous ne sommes encore qu'au début de ce mouvement, quelque rapide qu'il soit : un grand nombre d'établissements industriels ont été créés depuis quelques années, mais qu'est ce nombre si l'on considère la masse de ceux qu'il faut créer encore ? L'emploi de la vapeur s'est généralisé ; des machines ingénieuses ont

(1) Résumé des travaux statistiques de l'Administration des mines. —Rapport de M. Rouher, ministre des travaux publics, à l'Empereur, page CXLI.

été inventées, mises en œuvre, exploitées; mais qui peut assigner des limites aux investigations de l'esprit humain et à ses découvertes?

D'ailleurs, remontons aux causes :

Les applications de la vapeur ont pour but de créer les produits nécessaires à la satisfaction des besoins de l'homme.

Ces besoins touchent-ils à la limite de leur satisfaction complète?

Le spectacle du monde entier montre que, sous ce rapport plus que sous tout autre, nous sommes dans la période du début :

Dans les pays les plus civilisés, un très-petit nombre d'individus jouissent d'une satisfaction toujours incomplète, suffisante toutefois, de leurs besoins. La grande masse des hommes ne l'obtiennent très-imparfaite qu'au prix de leur indépendance et de leur repos. Enfin une masse d'individus plus nombreuse encore vivent dans le prolétariat, l'indigence ou la misère.

Dans les pays d'une civilisation moins avancée, la situation sociale est plus désastreuse, sinon toujours au point de vue des individus, du moins au point de vue de l'humanité et de ses progrès.

La situation s'aggrave de plus en plus à mesure qu'on descend dans l'échelle de la civilisation des peuples.

En résumé, la grande majorité des hommes qui peuplent la terre vit de privations.

La masse de leurs besoins est donc immense. Il reste une infinité de travaux à accomplir pour les satisfaire.

Cette situation, d'ailleurs, est destinée à se maintenir pendant de bien longs siècles : tout besoin satisfait engendre, en effet, chez l'homme, de nouveaux besoins. Pour tout individu, par suite pour l'humanité entière, l'échelle des besoins est donc infinie.

Je n'insiste pas. Je crois faire ressortir suffisamment que la vapeur est loin encore d'avoir accompli sa mission ici-bas, que le progrès industriel est loin de devoir s'arrêter.

Nous vivons dans des conditions essentiellement favorables à sa marche :

D'un côté, les lois injustes, les préjugés sociaux qui ont si longtemps arrêté l'essor du travail, n'existent plus.

De l'autre, la vapeur, les engins mécaniques déjà créés, le domaine actuel de la science, sont des matériaux suffisants pour transformer la société.

Si, dans ces conditions, le progrès s'arrête ou se ralentit, il appartient à la sagesse humaine de lever l'obstacle, et il est en son pouvoir d'y parvenir.

C'est par le concours d'une infinité d'éléments que le progrès se constitue. Plus ces éléments sont importants et actifs, plus le progrès est rapide.

Chacun doit donc agir en vue de provoquer ou de stimuler sa marche.

L'action des grandes industries est, dans ce but, essentiellement efficace. L'industrie des chemins de fer est, d'ailleurs, la plus importante de toutes, car elle embrasse et domine de très-nombreux intérêts.

Les hommes qui tiennent en mains le gouvernail de ces grandes entreprises peuvent donc beaucoup, par leur initiative, pour le bien public.

Le grand instrument du progrès, c'est *le tarif*. Prenez l'histoire entière de l'humanité, depuis l'époque où la barbarie régnait sur toute la terre jusqu'à notre siècle devenu si grand par les conquêtes de la civilisation. On peut suivre l'histoire du progrès pas à pas, échelon par échelon, en étudiant la progression descendante des tarifs de toutes choses; on peut démontrer, par le tableau irrécusable des faits accomplis, que tout progrès social a toujours, en définitive, été provoqué ou accompli par des abaissements de prix.

Que toutes les branches de l'industrie, et spécialement celles qui, comme l'industrie des chemins de fer, gouvernent, par leur importance, le mouvement industriel, arborent donc franchement le drapeau de l'abaissement des tarifs. Qu'elles le plantent sur tous les terrains prêts à le recevoir. Car c'est à l'ombre de ce drapeau que doivent toujours naître l'émulation, la richesse, le progrès; c'est en le prenant pour guide que nous remporterons d'utiles victoires dans les luttes pacifiques du travail; c'est, en un mot, sous sa protection que doivent se réaliser les espérances de l'avenir.

CHAPITRE IV.

EFFETS GÉNÉRAUX DES ABAISSEMENTS DE TARIFS DE TRANSPORT.

Je vais montrer par quelques exemples combien est grande l'influence des abaissements de tarifs sur la prospérité des régions traversées par les chemins de fer.

Je cite un passage du rapport présenté en 1851 par la Compagnie d'Orléans à ses actionnaires (1) :

« Les populations que nous desservons, dit-elle, sont essentiellement agricoles; il était de notre devoir de les aider de tous nos efforts à améliorer leur sol souvent ingrat. Ne sommes-nous pas, d'ailleurs, les premiers qui doivent gagner à leur richesse, puisque cette richesse même augmente la masse des échanges dont le chemin de fer est l'intermédiaire naturel? Aussi, n'avons-nous pas hésité à faire en leur faveur de larges sacrifices, laissant à l'avenir le soin de nous rémunérer.

» L'agriculture du Bordelais et de la Basse-Loire récla-

---

(1) Orléans, Rapport de 1831, p. 26.

mait des plâtres pour fertiliser ses prairies artificielles; mais il fallait les lui donner à un prix très-modique pour que l'emploi en fût fait selon les besoins, c'est-à-dire sur une grande échelle. Nous n'avons pas craint, dans des traités basés sur des prix différentiels et communiqués à l'administration publique, de descendre jusqu'à 0 fr. 02 par tonne et par kilomètre, ce qui met le prix de la tonne de plâtre à Nantes à 14 fr. 50, et à Bordeaux à 17 fr. 50.

» Nous en avons transporté, en 1856, 60,000 tonnes.

» La Sologne avait besoin de marne pour donner à ses sables argileux un élément de fertilité qui leur manquait. Le gouvernement a réclamé notre concours, et, malgré la faible longueur du parcours, qui ne dépasse pas 35 kilomètres en moyenne, et les retours de matériel qui se font toujours à vide, nous avons, dans un traité particulier, réduit le prix de transport à 0 fr. 03 par tonne et par kilomètre. En 1856, nous avons transporté dans ces conditions 27,000 tonnes. »

Je me plais à citer ces exemples; ils sont honorables pour la Compagnie d'Orléans.

Cette Compagnie a, d'ailleurs, fait de bonnes opérations.

Les transports opérés lui ont, contrairement à son opinion, donné de la rémunération, et ont, en outre, créé pour l'avenir des sources nouvelles de transports.

Ainsi, la Compagnie a apporté dans les terres déshéritées de la Sologne les germes de la fertilité. Ces terres incultes ont bientôt été défrichées, labourées, semée ; l'été est venu ; elles ont produit, et la récolte a été croissant chaque année. Une partie de cette récolte a été exportée : elle a fourni des transports au chemin de fer.

D'un autre côté, ces champs, ces terres ont été cultivés par des ouvriers qui ont vécu de leur travail, et ont ainsi accru leur consommation en même temps que leurs épargnes; le chemin de fer a pu transporter une partie de ces ouvriers et de leurs objets de consommation.

Enfin, les propriétaires, trouvant dans la culture du sol des bénéfices qui ont accru leur fortune, ont été bientôt en mesure de vivre dans de meilleures conditions de bien-être matériel. Ils ont consommé davantage, et leur demande appelant dans leur contrée les produits des contrées voisines, le chemin de fer a encore eu pour mission de transporter ces produits.

Cet état est devenu durable, s'améliorant, d'ailleurs, chaque jour, et la Compagnie d'Orléans, au lieu de parcourir éternellement avec des trains vides une contrée improductive, a créé ainsi pour son trafic une source définitive de transports et de bénéfices, en même temps qu'elle a accru la richesse des habitants de la Sologne et celle de la France.

La Compagnie du Midi a, de même, par ses tarifs, régénéré les Landes.

C'est surtout quand on a parcouru ces régions autrefois et qu'on y retourne aujourd'hui, que la bienfaisante influence des bas tarifs de transports apparaît d'une manière saisissante.

Il y a un certain nombre d'années, ces contrées, avec leur sol âpre, aride et sablonneux, leurs terres incultes, leurs vastes plaines dégarnies, abandonnées, l'absence de végétation, de mouvement, de vie, avaient un aspect triste et morne, qu'elles conservaient sans doute depuis leurs premiers âges.

L'établissement des chemins de fer, la création des routes et chemins qui y aboutissent ont été, pour ces contrées inertes, comme le feu de Prométhée. Le corps s'est animé, la vie a circulé dans les artères nouvellement créées. Sur tous les points, cette nature, abandonnée jusque-là comme morte, s'est réveillée; les mauvaises herbes ont été enlevées; la composition du sol a été modifiée; les terrains imperméables ont été drainés ou percés; des puits, des canaux d'écoulement et d'irrigation ont été creusés, les terres ainsi transformées ont été cultivées, et les champs, qui n'avaient nourri que des ronces, des fougères, des brandes, produisent aujourd'hui des céréales, des herbes fourragères et des forêts de pins ou de chênes.

Cette transformation du sol a opéré la plus heureuse influence sur les populations de ces contrées.

Tout le monde est devenu plus riche :

Les paysans, autrefois couverts de guenilles, se vêtissent maintenant avec des étoffes de laine et même de soie.

Les chaumières des travailleurs disparaissent et font place à des habitations de briques ou de pierre confortablement meublées; les propriétaires se bâtissent des châteaux luxueux. Le nombre de toutes ces constructions croît chaque jour à vue d'œil.

Les populations des Landes et de la Sologne ont été transformées à un autre point de vue :

Ces régions autrefois inondées d'eaux stagnantes, privées de la végétation qui purifie l'air en le renouvelant sans cesse, rendaient les habitants maladifs, chétifs, malingres, crétins. C'était pitié de les voir, et les conseils de révision, dans leurs tournées, ne trouvaient parmi eux que des hommes et pas un soldat.

Aujourd'hui, les causes de ces funestes situations n'existent plus. Une population ne change pas du jour au lendemain; mais les améliorations les plus heureuses ont déjà été constatées et il est dans la nature des choses que les habitants de ces pays, vivant désormais dans les conditions normales d'un air pur et d'une contrée saine, trouvent dans cet état nouveau la vigueur et la santé si précieuses aux individus et aux nations.

Des effets analogues se sont produits partiellement, avec plus ou moins d'énergie selon l'état économique des localités et selon les tarifs dans toutes les régions traversées par les chemins de fer.

Je pourrais multiplier les exemples; j'en citerai un que rapporte la Compagnie de Lyon (1):

« Les vins du Languedoc, dit cette Compagnie, qui autrefois ne trouvaient au dehors qu'un débouché très-restreint étaient, pour la plus grande partie, distillés sur place.

» Les chemins de fer leur ont ouvert un marché nouveau et immense qui s'étend jusqu'au nord de l'Allemagne, et toute la production trouvant à s'écouler en nature dans des conditions très-avantageuses, la fabrication a presque complétement cessé (2) ».

L'accroissement du travail et de la richesse a, en effet, été tel dans certaines parties de cette contrée,

---

(1) Lyon-Méditerranée, Rapport de 1860, p. 32.

(2) J'exprime ici un regret. On rencontre très-rarement dans les rapports des Compagnies des considérations générales sur l'état économique de la France.

Et cependant, les travaux de l'agriculture, de l'industrie, du commerce sont, pour ainsi dire, inscrits dans le trafic des chemins de fer.

D'ailleurs les Compagnies dressent sur leur mouvement général des transports, des statistiques très-exactes, très-complètes.

Ces statistiques sont donc le miroir fidèle des faits journellement accomplis.

Il n'y a plus qu'à les commenter.

Les commentaires, faits par les conseils d'administration, auraient, au point de vue historique, un grand intérêt; ils constitueraient comme l'histoire officielle de la grande transformation économique que la France devra à la création des chemins de fer.

que l'aisance y est devenue générale et que la misère, la mendicité y ont complétement disparu. On pourrait faire sur ces heureux effets d'intéressantes études d'économie sociale.

Les résultats que je signale s'expliquent lorsqu'on considère l'influence des chemins de fer sur les rayons de l'approvisionnement et du débouché des industries. J'ai fait ressortir cette influence au début, par l'exemple d'un bassin houiller. L'économiste apprécie les conséquences nécessaires qui résultent d'une manière générale de l'agrandissement de ces rayons; on peut les résumer en quelques mots : « ACCROISSEMENT DU TRAVAIL, DE LA PRODUCTION ET DE LA CONSOMMATION. » Ce sont des conditions éminemment favorables au bien-être des individus et à la prospérité publique.

Ces conditions caractérisent essentiellement notre époque : on n'a jamais travaillé autant, en France, que depuis quelques années ; on n'a jamais autant produit, autant consommé.

Mais par une contradiction apparente, les prix des choses se sont élevés, et les espérances qu'il était, *à priori*, naturel de fonder sur la diminution des prix de transports semblent déçues.

Il importe, pour définir avec exactitude le rôle que

jouent les chemins de fer dans le régime économique du pays et l'influence qu'ils exercent sur la détermination des prix, d'analyser le mouvement au milieu duquel nous vivons par l'étude de ses causes.

CHAPITRE V.

DU GRAND MOUVEMENT ÉCONOMIQUE ACCOMPLI EN FRANCE DEPUIS VINGT-CINQ ANS.

Il s'est opéré en France, depuis vingt-cinq ans, un très-grand mouvement économique et social.

Ce mouvement, très-complexe en lui-même, est également dû à des causes complexes.

Je vais démêler ces causes et en montrer les divers effets aux divers plans du tableau que présente la société actuelle.

Je suppose qu'un grand nombre de capitalistes, animés d'un sentiment de fraternité exagéré, réunissent plusieurs milliards et les distribuent gratuitement, en myriades de parts, à certaines classes de la société, et particulièrement aux classes inférieures.

Les individus de ces classes, possédant désormais plus de capital, vont mieux se nourrir, se vêtir, se loger, vont consommer davantage.

Consommant davantage, ils vont augmenter la *de-*

mande de la consommation, et c'est une loi absolue que lorsque la demande s'élève, les prix s'élèvent.

La largesse des capitalistes a ainsi divers effets :

Elle améliore la condition de ceux en faveur desquels elle s'exerce ;

Elle améliore aussi la condition des producteurs.

Mais au contraire, tous ceux qui n'ont participé ni à la distribution de capital, ni à la production, souffrent de la modification de régime : les prix de toutes choses, en effet, s'élevant, ils doivent payer plus cher leur consommation habituelle, et ils n'ont aucune compensation.

La création soudaine des chemins de fer et celle d'un nombre considérable d'industries diverses ont, en réalité, produit les effets que je viens de définir :

Les capitalistes, au lieu de donner leur argent, l'ont engagé dans des affaires productives et sont devenus actionnaires ;

Les individus des diverses classes, au lieu de recevoir des dons, ont reçu la rémunération due à l'emploi de leurs capitaux et à leur travail ;

La réunion des milliards, leur distribution, au lieu de s'opérer en un jour, s'est accomplie en plusieurs années, et souvent, brusquement, par grandes masses parmi les classes inférieures.

Ces différences modifient l'énergie des effets précités ; leur nature est la même.

Les diverses classes favorisées par la création des chemins de fer sont les suivantes :

En premier lieu, la *classe des ouvriers :* La majeure partie du capital social des Compagnies a été dépensée en travaux manuels; les ouvriers ont exécuté les terrassements, les travaux d'art, les bâtiments des chemins de fer. Ils ont fabriqué les rails; ils ont construit les wagons et les machines. Les salaires ont augmenté.

En second lieu, la *classe des industriels :* La création des chemins de fer a donné naissance à une masse de commandes dont l'exécution a fait l'objet de transactions nombreuses et a été l'occasion de grands bénéfices.

En troisième lieu, les *propriétaires expropriés :* On a dû faire une masse d'expropriation pour cause d'utilité publique pour constituer le domaine des chemins de fer. Les jurys, interprétant toujours la loi dans le sens le plus large en faveur des propriétaires dépossédés, ont alloué des indemnités qui ont brusquement accru la fortune des expropriés.

En quatrième lieu, la *classe des capitalistes :* Les travaux divers, les emplois de capitaux auxquels a donné lieu l'exécution des chemins de fer, ont créé des sources nouvelles de production devenues la propriété des capitalistes intéressés.

Plus spécialement, parmi tous les travaux accomplis,

les chemins de fer eux-mêmes, improductifs pendant les années de construction, ont bientôt, par les magnifiques résultats de leur exploitation, largement rémunéré les actionnaires de leurs avances.

Enfin, *la classe nouvelle de personnes qui concourent à l'industrie des chemins de fer :* Le service d'exploitation a enrôlé une masse d'employés qui se procurent, par un travail permanent et assuré, des ressources chaque jour nouvelles. Les industriels trouvent, dans les exigences du service d'entretien, la certitude de travaux et de bénéfices périodiques. D'un autre côté, l'exploitation donne des résultats chaque jour croissants, au grand profit des actionnaires.

Les ouvriers, les industriels, les expropriés, les capitalistes, et, en général, toutes les personnes qui tiennent à l'industrie des chemins de fer, ont eu, depuis vingt ans, des ressources croissantes.

Or, l'homme dont la richesse augmente, accroît, en général, sa consommation.

La consommation des classes que je viens de désigner a donc augmenté.

Ces classes étant très-nombreuses, l'augmentation a été très-grande.

Ainsi la création des chemins de fer a produit une tendance énergique à l'élévation du prix des choses.

Pendant ce temps, l'ouverture de l'exploitation des

chemins de fer a eu lieu successivement dans les diverses parties de la France. Les tarifs des transports ont été abaissés, et cet abaissement a été une cause de diminution pour les prix de revient, par suite, pour les prix de vente.

La réduction des droits de péage sur les canaux a agi dans le même sens.

Mais, simultanément, une cause corrélative a agi en sens inverse : un grand nombre de productions, et spécialement les produits nécessaires à la vie journalière, ne pouvant autrefois supporter les prix trop élevés des transports, étaient, pour ainsi dire, consommés sur place et avaient des prix réglés par les circonstances locales. Quand les chemins de fer ont remplacé les anciens modes de transports, ces produits ont pu être expédiés au loin; leur débouché s'est étendu et leur a permis d'atteindre les grands centres de consommation. Ceci se produisait au moment où, comme je l'ai expliqué, les ressources de la consommation, par diverses causes, augmentaient. La demande a été ainsi très-soutenue; les prix des produits se sont élevés.

Ainsi, l'accroissement de la demande a combattu les effets de l'abaissement des prix de transports.

Un autre fait économique d'une grande importance

s'est accompli pendant la même période : je veux parler des découvertes d'or en Californie et en Australie.

Le prix de l'or dans ces pays a énormément baissé à cause de l'abondance du précieux métal.

Chaque pays est alors allé acheter cet or avec des produits.

Dans un pays, le prix des produits se règle, d'une part, d'après la quantité totale de ces produits existant sur le marché; d'autre part, d'après la quantité totale des métaux précieux.

Si vous enlevez une masse de produits pour la remplacer par une masse d'or, le prix des produits restant s'élève.

C'est ce qui est arrivé.

Dans cette opération qui s'est faite sur une large échelle et qui a inondé d'or le marché français, les importeurs de cet or ont accru leur capital, par suite leur consommation. Les producteurs de cette consommation ont, de leur côté, gagné à l'augmentation de la demande. Le reste de la population a souffert de la hausse des prix due à cette demande accrue.

Dans tous les cas analogues, ces effets se produisent invariablement d'après la même loi : invariablement, toute production de capital a pour effet de profiter aux uns, de nuire aux autres, le profit étant d'ailleurs plus grand que le dommage.

La construction et l'exploitation des chemins de fer, l'abondance de l'or, d'autres grands travaux publics, tels que la création de routes, de canaux, la transformation du matériel de guerre, de la flotte, l'assainissement et l'embellissement des villes, enfin le développement de toutes les branches du travail industriel sont des causes de même nature dont l'action a coïncidé et qui ont produit des effets d'une grande énergie.

Depuis 1860, une circonstance nouvelle a encore profondément modifié les conditions de la production. Une nouvelle législation douanière, essentiellement libérale, suivie de traités de commerce avec divers pays, a étendu considérablement les débouchés de l'industrie nationale, en même temps que le marché français a été ouvert à la concurrence étrangère.

L'agrandissement des débouchés tend à élever les prix; la diminution des droits de douane, l'excitation de la concurrence tendent à les abaisser; ces forces contraires ont encore mêlé leur action à celle des causes diverses que j'ai déjà signalées.

Enfin, la paix profonde dont la France a joui à l'intérieur depuis dix ans, l'intelligente initiative, le zèle louable, les doctrines saines, les grandes et généreuses pensées qui ont présidé aux destinées économiques du pays, ont assis sur des bases solides la confiance publique, le crédit, les institutions, et dans ces conditions favorables, aidées par les causes précitées, la propriété a acquis une plus-value considérable qui a accru le capital des propriétaires. Les citoyens, devenus plus riches, ont augmenté leur consommation, et la demande accrue a fait hausser les prix.

Je vais signaler maintenant l'effet résultant de toutes ces causes et analyser les conséquences qui dérivent de cet effet au point de vue de la richesse publique.

L'effet résultant, tout le monde le connaît : les prix des produits ont généralement beaucoup augmenté.

Voici ses conséquences :

Les classes inférieures ont été l'âme du mouvement; il ne s'est produit avec énergie que parce que ces classes se trouvaient de plus en plus satisfaites; le mouvement ne pouvait donc dépasser leur volonté et leur action. Aussi, les salaires se sont toujours élevés plus que le prix des choses nécessaires à la vie.

Ces classes ont donc été très-privilégiées, dans le grand mouvement économique de notre époque.

Elles ont, d'ailleurs, bien travaillé pour cela et c'est justice.

Les commerçants, les financiers, les industriels ont

aussi participé en des mesures variables aux bénéfices de la situation ; mais, ainsi qu'il arrive toujours, l'accroissement de la production a fait surgir des producteurs nouveaux. En vertu d'une équitable loi sociale, ces bénéfices se sont répartis entre un plus grand nombre.

Parmi ces classes de citoyens, quelques-uns ont perdu, un très-grand nombre ont gagné ; la masse totale a donc bénéficié.

Dans les rangs des producteurs, figurent en première ligne les actionnaires des chemins de fer, et je me réjouirais de tant de succès dus au travail et au bon emploi des capitaux, si le génie malfaisant de la spéculation n'eût profité de la faiblesse humaine pour dépouiller ceux auxquels les bénéfices de la production étaient légitimement destinés, en faveur de la classe, stérile et funeste pour la société, des gens de Bourse.

Au contraire, les savants, les fonctionnaires, les personnes appointées, dans tous les rangs sociaux, les rentiers sur l'Etat, ceux enfin qui, par leur position ou leur industrie, n'ont pu participer aux bénéfices de la situation, ont été les victimes du mouvement. Toutes les personnes de ces catégories ont été surprises par la hausse continue des prix comme le seraient les habitants d'un rivage par une crue surnaturelle et croissante des flots, sans trouver dans les sources ordinaires de leurs fortunes les moyens de regagner d'un côté ce qu'ils perdaient de l'autre.

Leur richesse a donc diminué par le seul fait de l'élévation des prix : le capital qui constitue la fortune, en restant invariable nominativement, a eu désormais moins de valeur.

Mais une cause spéciale a hâté cette diminution de la richesse dans un grand nombre de familles. Toutes n'ont pas eu la sagesse, je dirai presque le pouvoir de maintenir leurs dépenses au chiffre primitif. Les familles ont des habitudes dans le mode de vivre à l'intérieur, en société, et la plupart d'entre elles ont préféré diminuer leurs épargnes, quelquefois les dissiper, en conservant leurs habitudes, que restreindre leurs dépenses, partant leur bien-être, leurs jouissances, leurs plaisirs, en vue d'épargner. Les dots et l'avenir des jeunes filles en ont souffert.

Quelle est la résultante de tant d'effets multiples, variés, contraires? Faut-il s'attrister? Faut-il se réjouir?

La question se résout simplement :

L'élévation du prix des choses, lorsque la production n'est pas limitée par des événements accidentels, tels que la disette, la guerre et autres malheurs publics, est toujours produite par un accroissement de la demande.

Un accroissement de demande résulte toujours d'un accroissement de ressources.

Les consommateurs qui produisent le mouvement le dominent sans cesse ; ils y trouvent donc profit.

Les consommateurs étrangers au mouvement le subissent ; ils en souffrent.

Les premiers accroissent leur demande ; les seconds la restreignent.

Ce sont deux forces contraires : les profits des uns tendent à élever les prix ; les souffrances des autres tendent à les abaisser. Il y a lutte.

En définitive, dans l'espèce, les prix se sont élevés : les profits ont donc remporté la victoire.

Il faut applaudir au mouvement.

On reconnaît par cette analyse que c'est non pas le prix des choses, mais bien la quantité de consommation qui mesure exactement le bien-être et l'état de progrès des populations.

Cette victoire des profits sur les pertes a une signification d'autant plus grande que des causes nombreuses et puissantes ont favorisé l'abaissement des prix.

La richesse publique a donc considérablement augmenté depuis quelques années.

Cet heureux effet est très-apparent dans tout ce qui frappe journellement nos regards.

Si vous avez visité la France il y a vingt ans, si vous la parcourez aujourd'hui, vous serez étonné, en allant dans les villes, en pénétrant dans les campagnes, du changement qui s'est opéré dans l'aspect et l'état des populations.

Le caractère essentiel de ce changement est l'amélioration très-grande survenue dans la manière de vivre des diverses classes, et surtout des classes inférieures de la société.

Ce progrès est surtout manifeste dans certaines contrées, dans les grands centres, tels que Lyon, Marseille, Bordeaux, et particulièrement à Paris.

Tels ouvriers, autrefois misérables et sans travail, ont aujourd'hui une profession et de l'aisance. Logés autrefois dans des réduits obscurs et malsains, ils respirent aujourd'hui un air moins vicié, voient mieux la lumière. Ils se vêtissent mieux, se nourrissent mieux, sont en meilleures dispositions. Les familles qui les entourent offrent plus l'aspect de la propreté, de l'ordre, de la décence, du contentement. Ils peuvent leur procurer plus de satisfaction, plus de plaisirs. Il est curieux notamment d'observer aujourd'hui les quantités de familles d'ouvriers qui, le dimanche, vont, soit en voiture, soit en chemin de fer, grâce à leurs ressources, se promener à la campagne. C'est un mouvement très-heureux : ils y respirent un meilleur air, ils y goûtent le repos et puisent dans la détente du corps et de l'esprit une force nouvelle pour les travaux du lendemain.

Le bien-être des classes inférieures se manifeste aussi dans l'habillement des deux sexes. Les vêtements sont plus confortables et recherchés qu'autrefois. La différence est surtout sensible lorsqu'on considère l'aspect général des masses populaires aux jours de fêtes.

Parmi les classes intermédiaires, je citerai celle des vendeurs en détail. Dans la plupart des villes, et surtout à Paris, les boutiques sont devenues plus belles, plus luxueuses, en même temps qu'elles étalent aux yeux du public de plus beaux et de plus nombreux produits. Les boutiquiers ont fait plus de frais d'installation parce qu'ils ont eu plus de ressources.

Dans les classes plus élevées, l'accroissement de consommation est aussi apparent : je l'ai dit, dans ces classes, les uns sont devenus plus riches; les autres ont moins épargné; tous, par un entraînement général, ont consommé davantage.

Ainsi un grand nombre de maisons ont été construites; par l'initiative louable du gouvernement et des municipalités, certaines villes se sont dépouillées de leurs haillons; les capitaux privés, guidés avec intelligence, ont doté ces villes de nouveaux quartiers remarquables par leur beauté et leur élégance, ce qui leur a donné une vie nouvelle.

Simultanément, dans la plupart des centres de population, dans les campagnes, le nombre des constructions de tous ordres a été sans cesse croissant. Il faut bien que les capitalistes, ayant plus de richesse, en placent une partie en immeubles.

Dans les familles, aujourd'hui, il y a plus de confortable intérieur, plus de luxe. On habite de plus beaux hôtels, des maisons plus jolies, des appartements mieux décorés. Les tables sont couvertes de mets plus abondants et plus recherchés. On voit dans les rues plus d'élégantes toilettes, dans les promenades plus de riches équipages; dans les salons, on reçoit plus, on donne plus de bals; chacun se procure mille aises nouvelles,

Tout petit prince a des ambassadeurs,
Tout marquis veut avoir des pages.

Dans la saison d'été, un luxe, autrefois très-rare, le luxe des voyages, se déploie aujourd'hui avec une passion croissante parmi certains rangs de la société. D'humbles villages, autrefois perdus au milieu des bois ou des montagnes, des plages autrefois ignorées ou fréquentées à peine sont devenus chaque été les rendez-vous d'une société cosmopolite; on vient prendre des eaux, des bains de mer; on vient surtout se reposer, se divertir, admirer la nature; on vient aussi étaler le luxe de modes nouvelles, fashionables, excentriques... Je me garde de critiquer un goût qui est dans la nature humaine : les Iroquoises ont aussi leurs atours.

Je suis loin, d'ailleurs, de tout excuser, de tout louer, de tout admirer. Je sais les graves inconvénients qu'entraînent un luxe exagéré, un excès de dépenses. Je vois chaque jour les folies engendrées par l'amour-propre, la vanité et toutes les sottes passions des hommes; je vois des désordres, des catastrophes privées; je vois des mœurs souvent licencieuses et peut-être pas suffisamment réprimées; je vois les lois du devoir et de la morale souvent méconnues dans les rapports sociaux. Ces maux sont déplorables; mais il ne faut pas les imputer au mouvement industriel.

La plupart des sociétés anciennes ont été détruites, il est vrai, par la corruption née d'un abus de richesses. Mais étudiez ces sociétés : vous reconnaîtrez que les richesses leur ont été fatales, parce qu'elles ont été mal acquises.

Tous les peuples de l'antiquité, en effet, ont emprunté leur richesse à la conquête, au pillage et aux lois injustes.

Veut-on, en quelques mots, en avoir la preuve?

Les Assyriens avaient conquis par la force l'Asie et ses richesses : leur Empire s'écroula par la dégradation morale de ses rois et par la dissolution générale des mœurs, qui en fut la conséquence.

Les Perses héritèrent des richesses des Assyriens et s'énervèrent bientôt dans les délices de la vie orientale : cinq millions de leurs soldats allèrent en Grèce se faire battre par trois cents Spartiates.

L'or de Xerxès servit à rehausser l'éclat du siècle de Périclès et prépara la décadence d'Athènes.

Alexandre le Grand, en faisant la conquête de l'Asie, fit aussi la conquête des immenses trésors amassés par les rois de ce vaste pays. Ses successeurs les partagèrent. Ce fut l'origine de la richesse fastueuse des Ptolémées et de la corruption générale qui prépara la ruine de l'indépendance égyptienne.

La destruction de Carthage et la conquête de la Macédoine commencèrent à déverser dans la capitale de l'Empire romain ces flots d'or qui devaient grossir si promptement par les conquêtes successives de tous les pays de la terre. Pendant plusieurs siècles, cet or se dissipa en fumée de myrrhe et d'encens sur les autels des dieux et des déesses, et quand les Barbares vinrent, ils n'eurent plus, dans l'ordre moral comme dans l'ordre matériel, grand chose à détruire.

Voilà les grandes lignes du phénomène économique et social qui s'est accompli dans l'antiquité.

Pénétrons plus avant pour mieux l'analyser :

Pendant tous ces temps anciens, la terre était peuplée de brigands, les mers étaient infestées de pirates : le vol, réglementé en Egypte, ordonné par les lois de Lycurgue, existait sous diverses formes, diverses dénominations, dans la pratique des individus comme dans celle des rois et des nations ; les lois, les mœurs, les coutumes portaient incessamment atteinte au droit naturel de propriété.

Simultanément, l'esclavage existait parmi tous les peuples, et le travail des esclaves fut toujours la source première de la richesse des hommes libres.

Ainsi, l'usage de la force brutale a été le principal moyen employé par les peuples de l'antiquité pour acquérir des richesses.

Quelles idées morales pouvaient résulter, parmi les masses, d'un tel ordre de choses ?

Ces richesses mal acquises ont donc été le germe de la destruction des sociétés. C'est un grand enseignement pour l'humanité.

Les moyens injustes qu'employèrent les peuples anciens pour se créer des ressources survécurent à l'invasion barbare :

L'esclavage, le servage, ont régné jusqu'à nos jours dans une grande partie du monde, en s'adoucissant et se restreignant de plus en plus toutefois.

On sait aussi, pour parler de faits qui nous touchent spécialement, qu'au moyen âge, les seigneurs français faisaient souvent le guet, perchés sur les donjons de leurs châteaux, pour fondre comme des oiseaux de proie sur les voyageurs qui s'aventuraient dans leurs parages. C'était un de leurs moyens de production de richesse. Il mérite d'être signalé : la pratique de moyens semblables devint si générale qu'elle fut la cause de l'organisation des communes.

Lycurgue, convaincu que l'or et l'argent étaient la « matière de tous les crimes, » et cherchant la solution du problème social, mais en vain parce que la société de son temps ne pouvait lui en fournir les matériaux, imagina de dire aux Lacédémoniens : « Soyez pauvres et vous serez vertueux. » Il fit, avec cette maxime, une constitution qui dura plusieurs siècles. Mais la société qu'il organisa était une société de transition ; elle devait périr et périt, en effet, sans avoir enfanté autre chose que des hommes de guerre.

Depuis que les droits de l'homme ont été reconnus et proclamés parmi les nations civilisées, la face des choses a changé. Aujourd'hui, nos moyens de production sont honnêtes et moraux : les produits du sol, l'intelligence humaine et le travail, tels sont les éléments essentiels de la richesse publique et privée. C'est à ces moyens seuls que nous recourons pour produire notre consommation et nos épargnes.

Il n'y a donc pas d'assimilation possible entre les sociétés qui nous ont précédé et la nôtre.

L'indépendance individuelle, la sécurité, la liberté du travail, la propriété, la protection des lois sont devenus les principes fondamentaux du nouvel ordre social.

Ce sont des principes essentiellement moralisateurs parce qu'ils sont fondés sur les règles éternelles de la justice et du droit.

Leur application fait naître la richesse.

Issue de principe sains, la richesse ne peut devenir un germe de dissolution morale.

Au contraire, son influence est essentiellement bienfaisante : le besoin, la privation, la misère, en effet, excitent les mauvaises passions et étouffent les tendances naturelles vers le bien, tandis que l'abondance, la satisfaction des besoins matériels placent l'homme dans les conditions essentiellement propices au développement de ses facultés morales et intellectuelles.

Le travail industriel, en augmentant sa richesse, lui offre donc un puissant moyen de progresser dans l'ordre moral.

Là, d'ailleurs, s'arrête le rôle de l'industrie ; là commence la mission plus haute de la science, de la philosophie et de la morale.

Éclairer les masses, inspirer à chacun les sains principes philosophiques, stimuler au cœur de l'homme la noble jouissance de son élévation morale, telles sont les œuvres qu'ont à accomplir au sein des sociétés ces grandes tutrices des destinées humaines.

Elles ne faillissent pas à leur tâche au siècle où nous vivons : Au milieu de grandes erreurs, de grands désordres, notre société est essentiellement éclairée, essentiellement morale dans ses goûts, ses tendances, ses aspirations. Le sentiment de l'honnêteté, du devoir, sont dans les consciences, et se manifestent en toute occasion avec une grande énergie dans l'opinion publique : toute atteinte à ces sentiments est justement flétrie.

Cet état moral des esprits n'est pas accidentel et périssable ; c'est l'œuvre de luttes séculaires, de convulsions suprêmes ; c'est le triomphe définitif de la pensée humaine sur le flot déchaîné des masses obéissant à leurs erreurs et à leurs passions.

Les constitutions politiques et sociales, les lois, l'esprit qui règne dans les corps de l'État, dans les associations variées et nombreuses des individus, la diffusion, enfin, des saines doctrines parmi les masses, nous sont garants que les conquêtes faites jusqu'à ce jour dans l'ordre moral, seront éternellement conservées.

D'ailleurs, d'une part, la richesse qui augmente, d'autre part l'instruction qui, de plus en plus, s'élève, se propage et gagne tous les rangs sociaux, étendent chaque jour le domaine de ces conquêtes.

Les législateurs doivent donc aujourd'hui adopter la maxime, contraire à celle de Lycurgue, qui convient à une société définitive comme la nôtre, destinée à se perpétuer : « Soyez riches et vous serez vertueux. » La vertu dans la richesse est le but final de la société humaine.

Je reviens à l'étude du mouvement économique de notre époque :

Ce mouvement est essentiellement dû à trois grandes causes :

L'accroissement soudain du travail ;

La surabondance de l'or ;

La création de sources nouvelles de production de richesse.

L'énergie de ces causes règle à chaque instant le mouvement économique.

J'ai montré ce qu'a été ce mouvement depuis vingt ans. En examinant l'état actuel de ses causes, on peut prévoir quelle sera désormais son allure :

Le travail, en France, n'a jamais été plus abondant qu'aujourd'hui. La production, en effet, n'a jamais atteint des chiffres aussi élevés. Mais l'industrie n'a plus les exigences brusques qui ont caractérisé son action dans la période écoulée :

La création des chemins de fer et de mille autres industries a tout à coup exigé des bras partout; or, la soudaineté de la demande exagère toujours l'élévation des prix. On voit cela tous les jours à la Bourse. Les salaires se sont donc beaucoup élevés sous cette influence.

Aujourd'hui, sur un réseau total de 20,400 kilomètres de chemins de fer, nous en avons bien encore 9,000 à construire (1); chaque jour, le nombre d'établissements industriels augmente, le travail augmente, mais ces progrès s'accomplissent dans un temps plus long, par suite, exercent une influence moins énergique sur les prix du travail.

Ainsi, les salaires tendent encore à augmenter, mais plus lentement.

(1) *Moniteur* du 21 avril 1863. Discussions du Corps législatif. M. de Franqueville, directeur général des chemins de fer.

On continue tous les jours à découvrir de l'or en Californie et en Australie. Un ingénieur des mines distingué, M. Laur, est allé sur les lieux, chargé d'une mission scientifique du gouvernement, et a reconnu que, d'après les conditions minéralogiques de ces contrées, il n'était possible d'assigner aucune limite à leur production d'or. Mais les découvertes les plus faciles et les plus abondantes sont faites. L'accroissement de production sera désormais plus lent. On ne voit que très-rarement ces irruptions soudaines de masses prodigieuses d'or sur le marché du monde; l'histoire les cite comme des points singuliers dans l'enchaînement continu d'une production régulière et normale.

Ainsi, les causes économiques qui, dans la période qui vient de s'écouler, ont agi avec brusquerie et par suite, ont produit des perturbations nombreuses, persistent; mais leur action se modère, se régularise; la transition est plus ménagée; les avantages sont moins grands, les souffrances moins sensibles.

D'ailleurs, au point de vue du travail, le besoin très-grand d'une rénovation économique justifiait, il y a quelques années, l'énergie déployée dans les moyens.

Aujourd'hui, les besoins les plus impérieux sont satisfaits; il y a moins d'ardeur dans les esprits; on comprend aussi l'opportunité de se soustraire aux inconvénients d'une action trop rapide.

Le mouvement si accéléré se ralentit donc.

Cet état convient mieux à une situation que l'on cherche moins, désormais, à amélorer qu'à maintenir.

Quant à la troisième cause, l'existence de sources nouvelles de production de richesse, son action grandit tous les jours. Chaque jour les sources créées deviennent plus abondantes; chaque jour la richesse générale augmente; et ce développement croissant, continu de la production de richesse est l'effet résultant qui, désormais, assure au progrès matériel une marche régulièrement ascendante.

Je conclus :

La production industrielle, la richesse publique sont dans une très belle voie.

J'ai indiqué leur progression jusqu'au moment présent. A dater de ce jour, et sans parler de ce que la vapeur réserve à l'humanité dans un avenir lointain, ainsi que je l'ai expliqué dans un précédent chapitre, l'achèvement prochain du réseau des voies ferrées, l'abaissement non douteux des tarifs de transport, sur les chemins de fer et sur les canaux, les procédés nouveaux que la science, les arts industriels ne manqueront pas d'inventer, le développement que la législation nouvelle a assuré aux relations internationales, sont des éléments suffisants pour enrichir la génération actuelle, et permettre l'accomplissement de grandes choses dont nous pourrons encore être témoins.

CHAPITRE VI.

DE L'OPPORTUNITÉ SPÉCIALE D'ABAISSER LES TARIFS DES MATIÈRES PREMIÈRES.

Les Compagnies, soit par les tarifs exceptionnels qu'elles ont établis dans certains cas spéciaux, soit par l'abaissement naturel du prix des transports qui est résulté de la création même des chemins de fer, ont transformé certaines régions de la France, au point de vue agricole.

Mais les transformations essentielles sont-elles opérées? Les pays transformés sont-ils les seuls qui eussent besoin de l'être? Les tarifs qui ont régénéré la Sologne et les Landes ne pourraient-ils améliorer d'autres régions mieux dotées par la nature?

De même, les tarifs de chemins de fer ont opéré une grande transformation industrielle; mais ne peuvent-ils pas modifier encore plus profondément les conditions de la production?

La réponse n'est pas douteuse. Il est évident pour tout le monde que les tarifs ont encore, si je puis m'exprimer ainsi, une infinité de travaux à accomplir pour que l'industrie des chemins de fer rende au pays la masse de services qu'il est en droit d'en attendre.

Il faut donc que les Compagnies abaissent leurs tarifs pour mettre en activité toutes les sources de la richesse publique.

D'ailleurs, leur intérêt même le leur commande : la richesse publique peut seule faire la fortune des Compagnies.

L'abaissement des tarifs sera surtout efficace pour les matières premières de l'industrie.

Ces matières premières, en effet, sont généralement fournies par le sol en quantités indéfinies et par des travaux très-économiques. Tout leur prix est presque formé des divers prix de transports qu'elles doivent supporter avant d'être mises en œuvre ou consommées. Les charbons, les minerais, les pierres, les métaux bruts, les matériaux de construction ne coûtent cher que par le transport. Le prix du transport en règle donc essentiellement la production.

D'un autre côté, ces matières premières sont éminemment utiles à tous. D'une manière directe ou indirecte, elles sont la base de toutes nos consommations. Ainsi, par exemple, lorsqu'on consomme un objet métallique, on consomme le minerai qui renfermait le métal, le charbon qui a fondu le minerai, on consomme, en un mot, toutes les matières premières et tout le travail de fabrication.

Les tarifs de transport sont donc le grand régulateur de la production et de la consommation des matières premières. En diminuant les prix de transports des matières premières, on améliore le sort de toutes les industries qui utilisent ces matières.

Je vais faire ressortir ici un point très-important :

Les plus grandes distances, en France, sont celles de *Bayonne* à *Dunkerque* ou de *Brest* à *Nice*. Elles sont environ, avec les détours, de 1,500 kilomètres.

J'ai dit que, par trains et wagons complets, le tarif de 1 centime par tonne et par kilomètre est rémunérateur.

1,500 kilomètres à 1 centime donnent 15 FRANCS.

AINSI, TOUT PRODUIT QUI PEUT SUPPORTER UN TRANSPORT DE 15 FRANCS PAR TONNE, PEUT ÊTRE TRANSPORTÉ, AVEC BÉNÉFICE POUR LES COMPAGNIES, D'UN BOUT A L'AUTRE DE LA FRANCE.

Si ce produit ne peut supporter que 7 fr. 50 cent. de transport par tonne, il peut encore franchir la moitié de la plus grande longueur de la France.

On ne saurait trop appliquer les tarifs qui permettent d'effectuer ces utiles transports.

Je vais montrer que c'est bien nécessaire :

Parmi les matières premières, figure en première ligne la *houille*, que l'on a nommée avec raison, dans notre siècle, le *pain de l'industrie*.

En disant, dans un chapitre précédent, que la houille constitue avec l'eau la source de production de la vapeur qui, elle, est l'*âme de l'industrie*, j'ai assez signalé son importance.

Nous avons, en France, des bassins indéfinis de houille, au Nord, au Centre, au Midi;

Nous avons aussi des canaux, des routes, des chemins de fer.

Nous avons donc les moyens nécessaires pour faire consommer à l'industrie du pays la houille indigène.

Cependant, la région Nord de la France, y compris Paris, est essentiellement alimentée de houilles belges; ces houilles descendent même jusqu'à Tours;

Le Nord-Est emploie surtout les houilles prussiennes;

Toute la région occidentale est presque exclusivement alimentée de houilles anglaises;

Enfin ces houilles anglaises vont faire concurrence à nos houilles jusque sur le marché de Marseille.

Il est temps de prendre des mesures énergiques pour faire cesser une situation si préjudiciable aux intérêts des producteurs français et du pays entier.

La France a consommé, en 1859 (1), 13,063,662 tonnes de houille.

Cette consommation totale comprend 5,759,387 tonnes de houilles étrangères.

Le prix moyen de la houille sur les lieux de production a été de 1 fr. 269 (2).

---

(1) Résumé des travaux statistiques de l'administration des Mines, 1861, p. XVII.

(2) *Idem*, p. XXV.

Les houilles étrangères consommées en France représentent donc une valeur intrinsèque de 73,086,621 fr. 05 cent.

Ainsi, la France a employé 73 millions à payer des salaires aux ouvriers des pays étrangers.

Si elle n'eût consommé que sa propre houille, elle eût donné ces 73 millions non aux ouvriers étrangers, mais aux ouvriers français, dont elle eût augmenté l'aisance en même temps qu'elle eût accru sa propre richesse.

Un pays ne doit demander des produits à l'étranger que s'il ne peut les créer lui-même.

Les États qui suivront cette maxime seront toujours dans la situation la plus florissante que permettra la nature de leurs domaines.

Il y a en France, comme en Angleterre, des gîtes de minerais de fer et des bassins houillers. Mais en Angleterre, les gîtes et les bassins sont situés côte à côte; en France, ils sont éloignés. Cette raison topographique est la cause principale de la différence qui existe entre les industries des deux nations.

Abaisser les tarifs de transports de la houille, comme aussi ceux des minerais, c'est rapprocher les mines de houille des mines de fer; c'est modifier, au point de vue industriel, la carte de France dans le sens le plus favorable à une production économique et abondante.

J'ai parlé de l'utilité du bon marché de la houille :

sur chaque nature de matière première, on peut raisonner de même ; pour chacune, on peut mesurer l'étendue des avantages qui résulteraient des plus larges abaissements possibles.

Je vais citer un exemple :

La ville de Toulouse est bâtie de briques. Les propriétaires et les architectes n'ont évidemment adopté cet élément de construction que parce que les localités voisines étaient dépourvues de carrières de pierres, et que l'exploitation de carrières lointaines eût été trop onéreuse à cause des frais de transports. Ceci n'est pas discutable.

Or, il y a des carrières de pierres magnifiques à Angoulême, à Bordeaux, à Langon, dans des localités plus rapprochées encore de Toulouse.

Que les tarifs de 2, de 1 centime soient mis en jeu par les Compagnies pour les transports de pierres à destination de Toulouse, et bientôt cette vieille capitale du Midi s'empressera de revêtir des formes plus monumentales ou plus coquettes, mieux en harmonie avec les mœurs, les besoins, les goûts des cités modernes.

Il y aurait un livre à faire sur cette matière. Un économiste doué de quelque imagination pourrait faire sur l'influence d'un abaissement des tarifs pour les transports de matières premières, dans un pays comme la France, des tableaux qui auraient le double mérite d'être séduisants et vrais.

Les Compagnies ne sauraient donc assez, dans leur intérêt, dans l'intérêt public, accorder les tarifs les plus bas possibles, lorsque de la création de ces tarifs dépendent la création ou le développement rapide de certaines industries.

Le principe de l'abaissement des tarifs est si fécond, qu'une Compagnie peut, dans bien des cas, avoir intérêt à transporter à prix coûtant, même *à perte.* Qu'importe, en effet, à une Compagnie riche et puissante un sacrifice de quelques milliers de francs, si, par ce sacrifice, elle fait surgir un centre de production en un lieu jusqu'alors stérile pour les transports? Quand l'industrie sera créée, le chemin de fer ira chercher ses matières premières; il distribuera ses produits fabriqués, il portera les objets de consommation de ses ouvriers et de leurs familles. De la sorte, cette industrie, qui devra à la Compagnie son existence, lui rendra au centuple le prix de son sacrifice.

En thèse générale, toute industrie créée accroît la production totale du pays de tout ce qu'elle produit et de tout ce qu'elle consomme.

D'un autre côté, tous les produits se transportent.

Les Compagnies ont donc, je le répète, un intérêt puissant à favoriser la création des industries, par suite à établir les plus bas tarifs possibles, notamment pour les matières premières.

10

Une Compagnie de chemin de fer qui pourrait appliquer aux produits utiles, avec avantage pour elle-même, les tarifs de 2 ou 3 centimes, et qui se contente des bénéfices qu'elle réalise en appliquant à ces produits les tarifs de 4 ou 6 centimes, non-seulement nuit à ses propres intérêts, mais encore fait un tort considérable à l'industrie et au pays entier :

Les bras restent inactifs ;

Les matériaux de construction restent inutilisés dans leurs carrières, les minerais dans leurs mines, les masses de charbon dans le sol ;

La production, la consommation sont moindres qu'elles pourraient l'être ;

La richesse privée, la richesse publique, de même.

Les Compagnies de chemins de fer exercent donc, je l'ai suffisamment prouvé, une influence puissante sur les destinées économiques de la France.

Ayant un grand pouvoir, elles ont de grands devoirs à remplir, elles ont une grande responsabilité.

D'ailleurs, quand elles font de belles affaires, elles jouissent paisiblement de leur prospérité ; quand elles sont dans la détresse, l'État vient à leur secours et leur donne une force, une vitalité nouvelles.

L'opinion publique peut donc avoir à leur égard de justes exigences

CHAPITRE VII.

DE LA PÉRIODE DE TRANSITION QUI SUIT TOUT ABAISSEMENT DE TARIFS. SOLUTION.

Les chiffres que j'ai cités, relativement à la réforme postale, mettent en évidence un effet qui joue un rôle capital dans toutes les questions de tarifs.

Je vais définir cet effet :

Lorsqu'on abaisse un tarif, la recette brute *diminue* aussitôt, puis *augmente successivement*.

Cette augmentation est telle que :

Tantôt la recette reste indéfiniment inférieure au chiffre primitif;

Tantôt elle n'atteint ce chiffre qu'après un temps très-long;

Tantôt, après un certain temps, elle l'atteint, puis le dépasse.

Tantôt, enfin, elle le dépasse tout de suite.

Ainsi, QUAND ON ABAISSE UN TARIF, LA RECETTE BRUTE

BAISSE, ET IL S'ÉCOULE UN CERTAIN TEMPS AVANT QU'ELLE NE REMONTE AU CHIFFRE PRIMITIF.

LA PÉRIODE ÉCOULÉE PEUT ÊTRE D'UNE DURÉE SOIT INFINIE, SOIT PLUS OU MOINS LONGUE, SOIT NULLE MÊME.

C'est la PÉRIODE DE TRANSITION qui suit tout abaissement de tarif.

Cet effet général s'explique :

Un tarif nouveau exige un certain temps pour *agir*, pour *produire son effet*.

Ainsi, par exemple, je suppose que l'on diminue de moitié le tarif de transport des houilles : les producteurs vont s'organiser sur un pied nouveau, entrer en relation avec de nouveaux centres manufacturiers, passer de nouveaux marchés ; ces premiers marchés seront suivis de marchés plus importants ; la consommation, la production se développeront ainsi progressivement à la faveur du nouveau tarif.

Mais tous ces effets de rapports sociaux, d'actions physiques exigent un certain temps pour se produire. Les avantages de l'abaissement ne pourront donc pleinement se manifester qu'après une certaine durée écoulée.

D'ailleurs, les conditions spéciales à chaque industrie, les conditions générales de la production et de la consommation, l'utilité du produit que l'abaissement concerne, la masse d'intérêts pour lesquels cette utilité existe, la cherté du tarif primitif et l'importance de l'abaissement sont, dans chaque cas, les raisons qui influent sur la *durée d'action* du tarif nouveau.

J'analyse l'exemple de la poste :

Le jour où le gouvernement a diminué de moitié le prix des lettres, l'administration des postes a commencé par perdre de l'argent : c'était naturel. Depuis longtemps, certaines habitudes de correspondance existaient, soit dans le commerce, soit dans les familles. Il faut toujours du temps pour changer des habitudes prises. Les parents, les amis, séparés par les distances, qui s'écrivaient autrefois une fois par mois, se sont écrit une fois tous les quinze jours, puis une fois par semaine, puis à tout propos. Dans le monde des affaires, les négociants, les petits commerçants, ont trouvé commode de multiplier successivement leur correspondance. Ces changements progressifs ont exigé un certain temps.

D'un autre côté, quand l'abaissement de la taxe des lettres a été opéré en 1849, le mouvement commercial de la France n'avait pas encore pris cet élan que les circonstances politiques nouvelles devaient lui imprimer peu d'années après avec tant d'énergie.

La réforme postale, opérée dans les conditions économiques de 1855, 1856, 1857, aurait eu des effets plus prompts.

Par ces raisons diverses, l'administration des postes n'a retrouvé qu'en 1854 les recettes brutes de 1848 et 1847. A dater de cette époque, le mouvement n'a fait que progresser, conservant une allure rapide.

Le 1er janvier 1862, le gouvernement a opéré la réforme télégraphique ; je vais dire ce qu'a été, pour cet abaissement de tarifs, la période de transition :

« Il a fallu huit années au service des postes, écrivais-je en 1860 (1) dans la brochure que je publiais pour proposer cette réforme télégraphique, pour que la taxe ayant baissé de moitié, les recettes aient repris leur niveau, pour croître ensuite.

» Il est aisé de reconnaître que ce résultat serait beaucoup plus prompt en télégraphie :

» La poste, en effet, en 1847, n'était pas une chose nouvelle ; par des abaissements successifs, elle s'était mise de plus en plus à la portée des diverses classes de la société ; depuis longues années, elle répondait aux besoins de la majeure partie de la population ; l'abaissement de 1849 n'a donc été que le perfectionnement d'une chose déjà très-perfectionnée, et par suite, a mis une certaine lenteur à donner aux relations sociales, déjà si développées, une extension nouvelle.

» Dans la télégraphie, il n'en est plus ainsi : on ne transmet aujourd'hui qu'une dépêche télégraphique par quatre cents lettres écrites ; par conséquent, le télégraphe n'est encore employé que dans les circonstances

(1) *De l'Abaissement des taxes télégraphiques en France*, page 22.

urgentes ou exceptionnelles. Or, ce moyen de correspondance offre une utilité et une commodité trop réelles pour qu'on ne reconnaisse pas dans l'élévation du tarif le véritable obstacle à son extension. Nous sommes donc sur un terrain neuf, non encore exploité, où tout, pour ainsi dire, est à créer, et l'on peut attendre d'un abaissement de taxe un développement immédiat de la correspondance télégraphique. »

C'est, en effet, ce qui a eu lieu. Dès le début de la réforme, l'abaissement de taxe a eu pour effet de faire croître la recette (1). *La période nécessaire à la recette pour reprendre son niveau a été nulle.* Le niveau n'a pas baissé. Il continue, d'ailleurs, chaque jour, sa marche ascendante.

Lorsque la réforme postale a eu lieu, les économistes, les commerçants, les simples particuliers, tous les citoyens enfin ont, dans un concert unanime, loué avec empressement une mesure si libérale. Cette réforme, en effet, était favorable à tous les intérêts, et elle restera dans l'histoire économique du pays comme une des plus utiles au progrès actuel.

La réforme télégraphique a été, de même, accueillie avec satisfaction.

---

(1) « Pendant cette période de dix mois (les dix premiers mois de 1862) les dépêches télégraphiques ont augmenté de 78 pour 100, et le déficit momentané qu'on redoutait s'est transformé en un notable accroissement de recettes. » M. le baron Eschasseriaux, séance du Corps législatif du 24 avril 1863.

Ces considérations font ressortir une vérité incontestable, et d'une haute importance en matière de tarifs : IL EST UTILE D'ABAISSER UN TARIF, QUOIQUE L'ABAISSEMENT SOIT SUIVI D'UNE DIMINUTION DE RECETTE, SI DANS UN CERTAIN AVENIR LA RECETTE DOIT AUGMENTER AVEC ÉNERGIE.

Cette période de transition qui doit s'écouler depuis l'abaissement du tarif jusqu'au moment où la recette brute, ou, pour calculer avec plus de justesse, la recette nette atteint son niveau primitif, est la grande difficulté qui arrête tous les exploitants dans la voie des abaissements de tarifs.

Ainsi, je suppose une Compagnie de chemin de fer parfaitement convertie au principe de l'abaissement des tarifs :

Elle est convaincue que jamais l'état général du pays ne fut plus propice au développement de toutes les sources de la richesse publique ;

Elle ne doute pas que l'abaissement des tarifs ne donne une impulsion immense aux transactions de toutes sortes, par suite à ses transports ;

Elle connaît d'ailleurs la limite inférieure des tarifs rémunérateurs ;

Elle est disposée à appliquer les bas tarifs dans toute la latitude qu'autorise cette limite.

Ainsi, elle est certaine que l'effet définitif d'une réforme de ses tarifs sera d'accroître considérablement son trafic et sa recette nette.

Mais cela ne lui suffit pas :

Elle va diminuer ses tarifs ; la recette nette augmentera, mais quand ? après combien de temps?

Aujourd'hui, je suppose, la Compagnie recueille pour les transports de charbons un bénéfice de 2 millions.

Si elle abaisse ses tarifs, ce bénéfice sera, dans dix ans, de 6 millions, puis augmentera encore.

C'est une situation qu'il est très-désirable d'atteindre.

Mais, dans l'intervalle de ces dix années, que sera le bénéfice?

Si le lendemain du jour où le nouveau tarif sera appliqué, le bénéfice se réduit à 500 mille francs ; si plusieurs années s'écoulent avant qu'il ne remonte au point de départ de 2 millions, pour d'ailleurs croître ensuite d'une manière très-rapide?

Si la réforme de tarifs, au lieu de ne porter que sur la houille, porte sur une masse de produits du même ordre ?

Est-il certain que cette réforme générale fera augmenter la recette nette?

Si ce n'est pas certain, une Compagnie peut-elle accepter l'éventualité d'une diminution de ses recettes? Si elle l'accepte, si la recette diminue, que diront les actionnaires à la prochaine assemblée générale?

Si donc on demande à une Compagnie de faire une réforme de tarifs, elle répondra indubitablement : « La recette pourrait diminuer ; *non possumus.* »

Je dois ici formuler une critique sur l'organisation

des Compagnies, et faire ressortir un vice inhérent à leur constitution :

Lorsqu'un industriel commence une exploitation avec un capital de 500 mille francs, il affecte successivement ses bénéfices annuels à augmenter son capital, c'est-à-dire sa force productive, ses moyens d'action, de lutte ; de la sorte le capital croît chaque année, les bénéfices de même, et lorsqu'il y a lieu de modifier des machines, de faire des constructions nouvelles, d'agrandir l'industrie, de semer, en un mot, en vue de l'avenir, l'industriel prévoyant opère sans effort ces réformes, commandées par la nature des choses.

Les Compagnies n'agissent pas de même :

Dès le début de leur exploitation, elles ont consommé annuellement la totalité de leurs bénéfices.

Était-ce un droit naturel? Je n'hésite pas à répondre : Non.

A mon avis, voici comment se présentait la question, à l'origine des concessions faites aux Compagnies.

L'État devait leur dire :

« Nous vous accordons l'exploitation d'une ligne déterminée.

» Nous vous donnons un monopole pour assurer la sécurité publique et aussi pour vous soustraire à toute chance de ruine.

» Nous vous aidons dans une certaine limite partout où cela est nécessaire.

» Nous voulons que vous retiriez de larges bénéfices de l'emploi de vos capitaux.

» Nous voulons aussi que vous fassiez la prospérité des contrées que vous allez traverser, en même temps que vous contribuerez à celle de la France.

» Vous aurez, dans ce but, à appliquer des tarifs qui vous donneront des bénéfices.

» Vous aurez aussi, dans ce but, à opérer des diminutions de tarifs qui exigeront des sacrifices momentanés, mais qui seront, ultérieurement, très-fructueuses.

» Le privilége que nous vous accordons étant pour vous une grande source de richesse, vous pourvoirez à toutes ces nécessités, inhérentes à la nature des choses, par vos seules ressources.

» Il faudra donc les ménager en conséquence. »

Je fonde ma critique, je le répète, sur cette considération que les sacrifices résultants de certains abaissements de tarifs sont, non pas facultatifs, mais nécessaires.

Sous le régime de libre concurrence, ces sacrifices sont naturellement imposés aux industriels par la concurrence elle-même.

L'influence qu'ont exercée les traités de commerce de 1860 sur diverses grandes industries françaises en est une preuve récente.

A l'origine des concessions, l'autorité supérieure, dotant les Compagnies de *monopoles*, aurait dû leur imposer ces sacrifices de sa propre initiative.

Si les cahiers des charges eussent prescrit aux Compagnies l'obligation de faire, au delà de certaines limites de bénéfices, des réserves destinées à être ultérieurement dépensées en *sacrifices* en faveur de l'abaissement des tarifs, les Compagnies, tout en augmentant leur richesse intrinsèque et en consolidant leur puissance, eussent mieux rempli leur mission à l'égard du pays.

On sait, au contraire, au milieu de quel chaos d'opinions opposées, d'hésitations, de prévisions fausses, le système actuel des Compagnies a pris naissance, dans les discussions de la Chambre des députés, sous le précédent règne. Je passe rapidement sur ces tristes souvenirs.

En l'absence d'une obligation inscrite au cahier des charges, j'aurais voulu entendre les conseils d'administration tenir à leurs assemblées générales d'actionnaires le langage suivant :

« Messieurs, les bénéfices de cette année dépassant toutes nos espérances, le conseil, dans sa sagesse, vous propose d'affecter une partie de ces bénéfices à constituer une réserve en vue de donner ultérieurement un nouvel essor à notre exploitation.

» Il est dans la nature des choses que certains abaissements de tarifs, destinés à être très-féconds dans un avenir prochain, donnent, pendant les premiers temps, une diminution de recettes. C'est une période de transition nécessaire. Pour oser la traverser dans chaque cas, il nous faut des épargnes courageusement sacrifiées d'avance à ce but.

» Amassons ces épargnes dans les années prospères;

nous assurerons ainsi à la Compagnie de magnifiques destinées.

» Cette combinaison vous donne le gage de notre sollicitude pour vos plus sérieux intérêts. »

Les administrations des Compagnies n'ont pas suivi cette marche : les bénéfices de chaque année ont été entièrement distribués aux actionnaires, sauf quelques cas de réserves faites dans un but étranger à celui qui m'occupe.

La puissance d'action des Compagnies n'a donc pas augmenté, par le fait et les résultats de l'exploitation.

D'un autre côté, la spéculation, qu'on ne saurait enchaîner par assez d'entraves, a toujours escompté les bénéfices futurs de l'exploitation, réels ou imaginaires. Cela a été une cause d'affaiblissement.

D'ailleurs, dans cet état de choses, les Compagnies se sont préoccupées de soutenir au jour le jour leurs recettes, le cours de leurs actions, cours souvent exagérés et factices, et la préoccupation du présent les a fréquemment détournées de veiller sur l'avenir.

Je conclus :

Il existe dans l'ordre de choses établi une force qui pousse les Compagnies, non-seulement à ne pas faire de réserve, mais même à sacrifier les intérêts de l'avenir aux exigences artificielles du présent.

J'exprime le vœu que ce système vicieux soit l'objet de réformes.

J'ai donné un certain nombre de preuves pour démontrer que l'abaissement des tarifs doit faire augmenter la recette nette.

Parmi ces preuves, les unes démontrent d'une manière irrécusable, mathématique, que certains abaissements donneront une augmentation de recette *immédiate*. Telles sont les raisons tirées d'une connaissance plus exacte de la limite inférieure des tarifs rémunérateurs.

D'autres sont des appréciations fondées sur la nature des choses ; appréciations dont le concours peut bien faire naître une conviction profonde, mais qui, toutefois, n'ont pas et ne peuvent avoir le caractère de démonstrations mathématiques. Enfin, il y a un grand nombre de tarifs réduits qui, appliqués aujourd'hui, auraient, au point de vue de l'avenir des chemins de fer, les plus heureuses conséquences, mais qui, au point de vue du présent, feraient immédiatement et pendant un certain temps diminuer la recette.

Or, d'après les contrats intervenus, l'État ne peut contraindre les Compagnies à abaisser leurs tarifs. D'un autre côté, les Compagnies n'opèrent d'autres abaissements que ceux qui font en un court délai augmenter leur recette.

Telle est la situation présente.

On peut espérer que les Compagnies opéreront spontanément les abaissements qui seront immédiatement productifs.

Il ne faut pas attendre de leur initiative les abaissements utiles à long terme.

Cette action incomplète des Compagnies, en admettant qu'elle s'exerce, ne saurait constituer une réforme suffisamment utile pour le pays.

La situation respective de l'industrie et des chemins de fer est donc aujourd'hui très-caractérisée :

L'industrie considère qu'elle a tiré tout le parti possible des moyens actuels, et demande des concessions de tarifs nouvelles pour se développer.

Les Compagnies de chemins de fer croient avoir assez fait pour l'industrie en ayant substitué le tarif de 6 centimes à l'ancien tarif du roulage, tarif de 25 centimes. Elles n'avancent dans la voie des abaissements de tarifs qu'avec une grande lenteur.

L'industrie, les Compagnies, sont donc en présence, agissant dans une certaine mesure de part et d'autre, et comme étonnées de ne pas mieux faire.

En outre, les Compagnies, par faiblesse de constitution, sont impuissantes à réformer cet état de choses.

L'industrie, de même, ne peut agir.

Faut-il que cette attitude passive se conserve indéfiniment? Faut-il attendre les effets naturels de la *force des choses?*

C'est une solution. En vertu des lois sociales qui gouvernent l'humanité comme les lois naturelles gouvernent le monde, la *force des choses* a toujours, en dernière analyse, poussé les sociétés dans la voie du progrès.

Mais cette action, quand elle n'est pas secourue par l'intelligente initiative des hommes, est d'une extrême lenteur.

Les anciennes sociétés, peu éclairées, ne marchaient que par la force des choses. Elles ont expié leur ignorance.

Les sociétés modernes doivent jouer un rôle plus actif dans leurs propres destinées.

Ne nous abandonnons pas à la *force des choses*. « Aide-toi, le ciel t'aidera. » C'est la maxime qu'il faut suivre. C'est la plus féconde; c'est aussi celle qui convient le mieux à la dignité humaine.

S'il faut agir, ayons de l'initiative. Si les difficultés surgissent, luttons contre elles d'autant plus énergiquement qu'elles sont plus grandes et qu'elles enchaînent une plus grande masse d'intérêts.

Parce que nous vivons sous la pression de forces industrielles qui nous entraînent, est-ce une raison de nous y abandonner sans agir pour en accroître les effets, lorsque ces forces nous poussent vers la prospérité matérielle?

Tirons donc des grandes ressources que nous offre l'époque où nous vivons tout le parti possible. C'est notre devoir. Quels que soient les résultats de nos efforts, ils seront toujours jugés par la postérité, non selon leur valeur absolue, mais selon leur importance comparée à nos moyens d'action.

Aujourd'hui, chacun est certain que, par des abaissements de tarifs, les voies de l'avenir seraient magnifiquement élargies, que les sources de la richesse publique seraient mieux fécondées, que le travail se multiplierait, que le bien-être se développerait parmi toutes les classes, que la misère, énergiquement combattue, diminuerait; que les arts, les sciences, stimulés par le travail, progresseraient; que le niveau des lumières s'élèverait; qu'en un mot, toutes les conditions de la vie matérielle et morale des citoyens s'amélioreraient; enfin, que la France marcherait à pas rapides vers cet état social meilleur que tous les peuples sont avides de posséder pour leur sécurité, leur repos et leur bonheur.

Ce but luira-t-il à nos yeux, les deux éléments dont l'union doit y conduire, c'est-à-dire d'un côté l'instrument TARIF, de l'autre les MATÉRIAUX que possède le sol, prêts à être utilisés, seront-ils en présence, à notre disposition, sans que nous puissions les rapprocher, leur donner le lien qui leur manque et voir enfin ce rapprochement accomplir sous nos yeux l'œuvre nécessaire du progrès?

Non. Dans ma pensée, ce lien est naturellement désigné : c'est l'État.

Dans une société, l'État doit être le régulateur de toutes choses. C'est là, après le but de paix, de sécurité et d'administration publiques, sa fonction essentielle.

Je reviendrai sur son intervention.

Mais avant, je vais examiner la question des tarifs de voyageurs.

TITRE DEUXIÈME.

TRAFIC DES VOYAGEURS.

CHAPITRE PREMIER.

DES TARIFS DE VOYAGEURS.

Les tarifs des voyages, au temps des transports sur route, étaient les suivants :

		Par voyageur et par kilomètre.			
Malle-Poste.		0 fr.	18 c. à	0 fr.	20 c.
Messageries.	Coupé.	0	12	0	14
	Intérieur.	0	10	0	12
	Rotonde et banquette.	0	08	0	10

De 1852 à 1861, le tarif moyen perçu sur tous les chemins de fer a été de **0** fr. **071** par voyageur moyen et par kilomètre.

La différence de ces tarifs a produit une grande économie de transports.

Comme pour les marchandises, il n'existe pas de documents pour mesurer les effets de cette différence. Mais chacun peut les apprécier par son propre exemple. On se déplace beaucoup plus facilement; on parcourt annuellement aujourd'hui beaucoup plus de kilomètres avec les chemins de fer qu'autrefois avec les anciens modes de transports. La rapidité, la commodité des voyages ont d'ailleurs favorisé ce mouvement.

De 1852 à 1861, le trafic kilométrique a suivi les progressions suivantes :

Années.	Longueur moyenne exploitée.	Nombres totaux de voyageurs kilométriques.	Nombres de voyageurs kilométriques par kilomètre exploité.
1852	2.042	537.171.558	**262.866**
1853	2.737	807.753.996	**295.124**
1854	3.098	1.020.127.611	**329.286**
1855	3.290	1.271.963.037	**386.615**
1856	3.823	1.232.925.753	**322.502**
1857	6.181	1.867 088.370	**302.069**
1858	7.016	1.920.300.989	**273.703**
1859	7.412	2.492.119.453	**336.227**
1860	7.514	2.274.808 612	**302.743**
1861	7.549	2 381.159.124	**315.427**

On observe ici un effet différent de celui qui concerne les marchandises :

Le trafic s'est bien étendu sur tout le pays par l'accroissement du réseau, mais il s'est, en moyenne, faiblement développé sur place, car le nombre de voyageurs par kilomètre exploité ne dépasse, en 1861, le nombre de 1852 que de **52,561** voyageurs kilométriques, soit **20** pour **100** environ.

L'arrêt du trafic kilométrique est plus manifeste encore, si l'on considère la progression des recettes.

Les recettes ont suivi la progression suivante :

Années.	Longueurs moyennes exploitées.	Recettes totales.		Recettes par kilomètre exploité.
1852	2.042	34 335.242 fr.	26	**16.814** fr.
1853	2.737	52.486.025	71	**19.176**
1854	3.098	58 575.189	65	**18.107**
1855	3.290	75.448.911	33	**22.933**
1856	3.823	73.769.848	92	**19 296**
1857	6.181	113.380.804	84	**18.343**
1858	7.016	115 289.453	20	**16.432**
1859	7.412	128.077.119	75	**17.279**
1860	7.514	129 860.759	61	**17.282**
1861	7.549	135.734.598	88	**17.980**

Ainsi la recette voyageurs par kilomètre exploité dépasse, en 1861, celle de 1852 de **1,166** fr., soit **7** pour **100**. Elle est, d'ailleurs, moindre que la recette moyenne des dix années.

Le tarif moyen perçu a été :

En	1852	de	0 fr.	0639
	1853		0	0650
	1854		0	0574
	1855		0	0593
	1856		0	0599

En 1857	de	0	0607
1858		0	0600
1859		0	0514
1860		0	0571
1861		0	0570

J'ai déjà dit que la diminution du tarif moyen perçu peut se produire, les tarifs *restant invariables.*

Ces conditions ont existé pour le trafic voyageurs : sauf en un certain nombre de cas spéciaux, sauf, aussi, l'augmentation du double décime de guerre, les tarifs de voyageurs sont restés, depuis la création des chemins de fer, fixés à environ :

0 fr.	10	par voyageur	de 1re	classe.
0	075	Id.	2e	classe.
0	055	Id.	3e	classe.

Ce sont les maximums inscrits dans les cahiers des charges.

CHAPITRE II.

LIMITES INFÉRIEURES DES TARIFS RÉMUNÉRATEURS.

La recherche des prix de revient déjà mentionnée, recherche opérée sur la Compagnie du Midi, exercice 1860, m'a donné les résultats suivants :

LA DÉPENSE SPÉCIALE, OU PRIX DE REVIENT SPÉCIAL DE 1 KILOMÈTRE DE TRAIN DE VOYAGEURS, EST :

Pour les trains express, de	1	fr.	205 022
— omnibus	1		222 882
— mixtes	1		542 043

On déduit de ces chiffres, en tenant compte de certains éléments statistiques et par des calculs dans le détail desquels il serait trop long d'entrer, les conséquences suivantes :

TRAINS EXPRESS.—*Dans les trains express ayant une charge maximum de 7 voitures remplies à 0,36, le tarif devient rémunérateur à partir de* **0** fr. **020** PAR VOYAGEUR ET PAR KILOMÈTRE.

TRAINS OMNIBUS.—*Dans les trains omnibus ayant une charge maximum de 9 voitures remplies à 0,36, les tarifs deviennent rémunérateurs à partir des limites suivantes :*

0 fr.	**0112**	par voyageur de	1re classe et par kilomètre.		
0	**0024**	—	2^e^	—	—
0	**0056**	—	3^e^	—	—

TRAINS MIXTES.—*Dans les trains mixtes ayant une charge maximum de 7 voitures remplies à 0,36, plus 5 wagons remplis à 4 tonnes 91, les tarifs deviennent rémunérateurs à partir des limites suivantes :*

0 fr. **0170** par voyageur de 3e classe et par kilomètre.
(D'où se déduisent les limites par voyageur de 2e et de 1re classe.)

0 **0220**

Les observations générales que j'ai faites sur les limites inférieures des tarifs rémunérateurs pour les marchandises sont applicables aux limites que je viens de citer. J'évite des répétitions.

CHAPITRE III.

L'ABAISSEMENT DES TARIFS FERA AUGMENTER LA RECETTE NETTE.

§ 1er. — EXTENSION AU TRAFIC DES VOYAGEURS DES RAISONS QUI CONCERNENT LE TRAFIC DES MARCHANDISES.

L'analogie complète qui existe, au point de vue économique, entre le trafic des voyageurs et celui des marchandises rend toute l'argumentation relative aux tarifs des marchandises applicable aux tarifs des voyageurs.

La conclusion est la même : L'ABAISSEMENT DES TARIFS DE VOYAGEURS FERA AUGMENTER LA RECETTE NETTE. IL FAUT ABAISSER LES TARIFS DE VOYAGEURS.

Un argument spécial, relatif au trafic des voyageurs, donne une force nouvelle à cette conclusion. Je vais le présenter avec les développements qu'il comporte.

§ 2. — PREUVE SPÉCIALE TIRÉE DE LA COMPARAISON ENTRE LES RÉGIMES DES TARIFS ET LES RECETTES POUR LES DEUX TRAFICS : VOYAGEURS ET MARCHANDISES.

Les tableaux du trafic des voyageurs et du trafic des marchandises, pendant les dix années écoulées de 1852 à 1861, montrent un contraste digne de remarque :

Dans cette période, les tarifs de marchandises ayant été successivement *abaissés*, la recette kilométrique des marchandises a augmenté de **142** pour **100**.

Les tarifs de voyageurs ayant été maintenus *constants*, la recette kilométrique des voyageurs n'a augmenté que de **7** pour **100**.

Le premier résultat prouve que lorsqu'on abaisse le tarif d'un produit utile, la recette augmente.

Le second prouve que lorsqu'on maintient longtemps invariable le tarif d'un produit utile, la recette s'arrête.

Ce rapprochement complète le système de preuves que j'avais à fournir en faveur de l'abaissement des tarifs.

Je vais rechercher si, en dehors des tarifs, les conditions économiques qui règlent la consommation ont été plus favorables à l'un ou l'autre trafic :

Trois éléments déterminent pour tout produit la quantité consommée :

Les besoins de la consommation,
Ses ressources,
Le tarif.

Je laisse de côté le tarif.

En ce qui concerne les ressources, les deux trafics ont été contemporains; ils se sont produits sur les mêmes lignes et parmi les mêmes populations. L'accroissement de la richesse publique a donc exercé la même influence sur l'un et sur l'autre.

Je n'ai donc à examiner que les besoins de la consommation :

Or, l'utilité du voyage est de même ordre que l'utilité du transport. Le besoin de circulation existe pour les hommes comme pour les choses, et les voyages, par les facilités qu'ils offrent pour la réalisation des transactions commerciales, contribuent, comme les transports, au développement du travail et de la richesse.

Il y a plus : la *commodité*, la *vitesse* des transports, en facilitant les voyages, en ont, économiquement parlant, stimulé les besoins. Ces deux éléments ont donc été très-favorables au trafic des voyageurs.

Au contraire, la *commodité* n'existe pas pour les marchandises, objets inanimés.

En outre, en consultant les faits accomplis, on voit

que les lenteurs introduites par les Compagnies dans le service de la petite vitesse ont affaibli, pour ce trafic, les avantages qui devaient résulter de transports rapides. On sait que ces lenteurs ont provoqué des réclamations générales, et que le gouvernement s'occupe en ce moment de donner au vœu public la satisfaction qu'il mérite.

Donc, par la création des chemins de fer, les besoins de la consommation ont été plus surexcités pour le trafic voyageurs que pour le trafic marchandises.

Ainsi, la signification de l'arrêt éprouvé par la recette kilométrique des voyageurs n'est pas douteuse : **LA DIFFÉRENCE DANS LE RÉGIME DES TARIFS APPLIQUÉS EST LA SEULE CAUSE QUI AIT EMPÊCHÉ LE TRAFIC DES VOYAGEURS DE SE DÉVELOPPER.**

Les chiffres se sont donc prononcés d'une manière précise : ils montrent que les TARIFS DES VOYAGEURS SONT TROP ÉLEVÉS; ils plaident avec éloquence en faveur de l'abaissement des tarifs.

On comprendra pourquoi les Compagnies n'ont pas suivi le même régime de tarifs pour les *voyageurs* et les *marchandises*, en examinant les conditions qui président à la fixation de ces tarifs dans l'un et l'autre trafic :

Les Compagnies ont un service organisé pour l'exploitation commerciale du trafic des marchandises.

Les agents de ce service visitent et étudient sans cesse toutes les contrées parcourues par le chemin de fer et arrivent à connaître jusqu'à un certain point les ressources et les besoins de l'agriculture, de l'industrie et du commerce dans chaque localité. Ils sont aidés dans cette étude par les renseignements fournis par les chefs de station, qui habitent les localités et sont en contact journalier avec les expéditeurs.

D'un autre côté, les expéditeurs sont toujours en instance auprès des agents du service commercial pour faire connaître à la Compagnie leurs besoins et leurs désirs. Les Compagnies tiennent compte de ces avis, surtout lorsqu'ils émanent de grands industriels, de Sociétés importantes, lorsque les vœux sont émis non isolément, mais en masse. D'ailleurs, elles discutent, elles luttent et elles finissent de la sorte par être, dans une certaine mesure, éclairées sur les besoins généraux du commerce.

La connaissance de ces besoins les a conduites à diminuer successivement leurs tarifs.

Les circonstances ne sont pas les mêmes pour le trafic des voyageurs:

Le service commercial des Compagnies, absorbé par le trafic complexe des marchandises, ne s'occupe accessoirement et accidentellement de modifier les tarifs de voyageurs. Il n'étudie pas, à cet égard, les besoins des populations; il ne songe pas à modifier l'ordre existant : l'uniformité, la constance des tarifs semblent adoptés en principe invariable.

D'un autre côté, les voyageurs se taisent. Chacun a le sentiment que les tarifs sont trop chers, mais se sent trop faible, trop impuissant dans son isolement, pour réclamer, seul, contre l'élévation d'un tarif imposé à tous, accepté par tous.

De la sorte, les Compagnies n'entendent jamais s'élever une plainte contre l'état de choses existant. Au contraire, elles voient chaque jour leurs gares encombrées de voyageurs qui paient leurs places, qui se font transporter dans toutes les directions, sans paraître songer au tarif et à ses rigueurs.

On se persuade aisément, dans ces conditions, que tout fonctionne le mieux possible. Le public est passif; les Compagnies le sont aussi.

La *force* qui a provoqué l'abaissement des tarifs de marchandises, la *connaissance des besoins généraux des populations*, n'a donc pas eu d'action pour les tarifs de voyageurs : ces tarifs sont restés constants.

Les considérations précédentes s'appliquent au trafic moyen des voyageurs par kilomètre exploité.

En réalité, le trafic des voyageurs a augmenté sur certaines parties des réseaux, car tous les kilomètres qui ont concouru à l'accroissement du réseau total ne se ressemblent pas. Les premières lignes exploitées ont été les plus fécondes, et si, par l'addition de lignes moins fructueuses, le trafic moyen général n'a pas diminué, il y a lieu de conclure que le trafic des premières lignes s'est développé.

Ce résultat s'explique : le trafic des voyageurs a augmenté dans une certaine mesure, sur les lignes principales, sous l'influence du tarif constant, parce que la commodité, la vitesse, l'accroissement de la fortune publique, parce que l'augmentation même des transports de petite vitesse ont exigé de plus nombreux déplacements ; enfin, parce que l'ouverture des lignes secondaires a fourni aux lignes principales un contingent nouveau de voyageurs.

Mais qui pourrait dire quel eût été le développement du trafic *voyageurs*, le développement du trafic *marchandises* lui-même, si les Compagnies eussent abaissé successivement leurs tarifs de voyageurs comme elles ont abaissé leurs tarifs de marchandises !

Je résume cette discussion :

Il faut, dans l'intérêt de tous, abaisser les tarifs des choses utiles lorsque ces tarifs *ont suffisamment agi.*

Un tarif a suffisamment agi lorsque, toutes autres conditions égales d'ailleurs, la recette n'augmente plus ou n'augmente qu'avec une faible énergie; c'est un signe infaillible.

Dans la pratique, cette hypothèse de toutes autres conditions égales d'ailleurs ne se réalise pas. Le temps s'écoulant, toutes les conditions se modifient.

L'exploitant doit discerner si ces modifications sont favorables ou contraires à la recette.

Dans l'espèce, les conditions se sont modifiées de la manière suivante : la richesse publique s'est considérablement accrue.

C'est dans ces conditions que la recette kilométrique est restée à peu près la même. Elle aurait dû croître considérablement si les tarifs eussent été mieux en harmonie avec les besoins du pays.

Depuis longtemps donc, les premiers tarifs des voyageurs ont *agi*.

Depuis longtemps, les résultats de l'exploitation sollicitent énergiquement, par le langage précis des chiffres, l'abaissement de ces tarifs.

§ 3. — D'UNE ANOMALIE DANS LE RÉGIME GÉNÉRAL DES TARIFS DES COMPAGNIES.

Dans le système actuel du trafic général des Compagnies, il existe une anomalie qui mérite d'être signalée :

Les Compagnies ont jugé nécessaire d'adopter pour les *marchandises* des tarifs kilométriques, qui sont différentiels parce qu'ils diminuent quand la distance parcourue augmente.

Pourquoi n'ont-elles pas appliqué aussi des tarifs différentiels analogues aux *voyageurs ?*

Les mêmes raisons économiques, susceptibles de commander l'application des tarifs différentiels existent pour les deux sortes de trafics, soit au point de vue des frais de transport, soit au point de vue de l'influence des tarifs sur la quantité de circulation.

Mieux encore : le trafic des voyageurs étant plus simple que le trafic des marchandises, comportait plus facilement l'application des tarifs différentiels.

Les Compagnies ont poussé la simplification jusqu'à ne pas faire payer la vitesse.

Cette différence de régime constitue une anomalie évidente non justifiée.

Je demande L'UNITÉ DE RÉGIME. Je demande, d'ailleurs, non que l'on tende à ramener le régime simple des tarifs de voyageurs vers le régime complexe des tarifs de marchandises, mais que l'on suive la tendance inverse.

CHAPITRE IV.

OBSERVATIONS DIVERSES.

§ 1er. — CHERTÉ DES TARIFS DE VOYAGEURS.

Les voyages sont devenus un des besoins les plus urgents de notre époque :

L'instruction s'étend parmi toutes les classes; son niveau s'élève : il faut voyager pour s'instruire.

La consommation, la production augmentent : il faut voyager pour traiter des affaires.

Le libre choix des carrières, le besoin du travail, les exigences des intérêts matériels et moraux séparent de plus en plus les membres d'une même famille : il faut voyager pour se revoir, pour resserrer les liens de l'affection et de la solidarité mutuelles.

Avec des besoins si réels, il arrive qu'une grande masse de la population ne voyage pour ainsi dire pas; qu'une autre masse très-considérable voyage à peine;

enfin, qu'en thèse générale, le *voyage* est un acte exceptionnel qui s'accomplit à de rares intervalles.

Cette situation prouve que les voyages sont CHERS. Il n'y a pas d'harmonie entre le prix des voyages et les besoins généraux de circulation.

Les personnes qui, par position, jouissent du privilége de circuler gratuitement sur les chemins de fer, savent comme on se met aisément en route lorsque la dépense des voyages n'est pas un obstacle. Elles peuvent apprécier combien *l'abaissement* des prix est susceptible de stimuler le *besoin* des voyages, surtout parmi les masses oisives ou peu occupées.

§ 2. — CHERTÉ DES TARIFS DES ENFANTS.

Les tarifs de voyageurs, dis-je, sont chers.

Il est une catégorie spéciale de tarifs qui présente essentiellement ce caractère : ce sont les *tarifs concernant les enfants.*

Un enfant de sept ans paie le même prix qu'une grande personne.

Le budget des dépenses ordinaires d'un enfant, dans une famille, ne contient aucune dépense qui présente ce caractère.

De même, un enfant de trois ans paie la moitié du prix d'une grande personne.

C'est hors de toute proportion.

Mais, diront peut-être les Compagnies, l'enfant occupe la place d'une grande personne : il est juste qu'il paie le même prix qu'elle.—Il occupe cette place, répondra-t-on, pour discuter le fond des choses, parce que vous le voulez bien. En réalité, le *volume*, le *poids* de l'enfant, seuls éléments qui doivent agir sur le tarif à percevoir, sont moindres. Faites, si vous le jugez à propos, dans les compartiments (argument purement théorique), des séparations mobiles en hauteur et en largeur, accordez moins de place pour l'enfant, mais faites qu'il paie moins cher.

Ou plutôt, dirai-je aux Compagnies, soyez plus larges dans vos calculs, et dussiez-vous ne faire aucun bénéfice sur l'enfant, transportez-le, pour faire le transport rémunérateur du père et de la mère.

§ 3. — OPPORTUNITÉ DE SUPPRIMER LE TARIF DE 10 CENTIMES RELATIF A L'ENREGISTREMENT DES BAGAGES.

Cette critique m'amène à celle d'un tarif d'un autre genre concernant les voyageurs. Je veux parler du tarif de 10 centimes pour l'enregistrement des bagages.

Ce tarif est une aberration.

Il ne peut être fait en vue de différencier le voyageur *sans bagage* du voyageur *avec bagage*, puisque la Compagnie n'établit pas un tarif semblable pour le transport de 30 kilogrammes de bagages au profit du second, service plus onéreux que le service de l'enregistrement.

Il ne peut non plus entrer dans la pensée des Compagnies de faire payer séparément chacun des services qu'elles rendent.

D'un autre côté, ce tarif est particulièrement désagréable aux voyageurs, à cause du moment choisi pour sa perception.

Il faut donc attribuer son origine à ces vues étroites et mesquines d'exploitation dont les grandes administrations elles-mêmes ne savent quelquefois se défendre.

Le tarif de l'enregistrement des bagages est en tous points condamnable.

§ 4. — EFFETS GÉNÉRAUX DE L'ABAISSEMENT DU TARIF DES VOYAGEURS.

L'abaissement des tarifs de voyageurs produira dans les divers rangs de la population les effets d'accroissement que j'ai déjà signalés à l'occasion du trafic des marchandises.

Je considère, par exemple, les *voyages d'agrément.*

Le *besoin* de ces voyages est illimité dans tous les rangs sociaux.

Les personnes placées aux plus hauts niveaux, dans l'échelle de la richesse, voyagent pour leurs plaisirs sans être arrêtées par la dépense.

A mesure qu'on descend dans cette échelle, la dépense exerce une action de plus en plus restrictive sur les masses d'individus placées à chaque niveau, et il ne faut pas descendre très-bas pour arriver au point où la restriction est à peu près absolue, où l'on se prive totalement de voyager pour son plaisir.

Abaissez les tarifs : d'une part, les personnes qui voyagent voyageront davantage; d'autre part, vous ferez surgir une masse nouvelle de voyageurs appartenant aux niveaux jusqu'alors exclus.

Je vais citer quelques exemples relatifs aux voyages en général :

Il est une classe nombreuse de gens de la campagne qui vont en chemin de fer d'une station à l'autre, du village au village voisin. Avec un tarif moindre, ils étendront le rayon de leur déplacement, ils iront visiter des marchés aujourd'hui trop éloignés pour leurs ressources.

L'ouvrier des villes fera plus facilement ce tour de France si utile qui lui permet de voir, de connaître, de méditer, de s'instruire, d'élargir le cercle de ses connaissances et de ses idées, de rectifier son jugement et de développer ses facultés ainsi que ses aptitudes.

La facilité des voyages exercera de même la plus heureuse influence sur les affaires :

Elle mettra plus en rapport direct le producteur et le consommateur, et restreindra la classe des intermédiaires, qui pèse si lourdement sur le prix de toutes choses.

En outre, avec un faible tarif, le négociant, l'industriel feront, pour tenter des affaires, pour assurer le succès de leurs entreprises, des voyages qu'ils n'entreprennent pas au tarif actuel.

En un mot, plus notre organisation économique multipliera les relations individuelles, plus il y aura d'offres et de demandes, plus il y aura de transactions.

Enfin, une foule de personnes, pressées par le temps, ne peuvent faire que de courtes absences.

Je citerai, par exemple, les fonctionnaires, les employés de toutes sortes qui, à certaines époques de l'année, jouissent accidentellement de congés de quelques jours.

Si le tarif est cher, on se prive d'un voyage trop onéreux, eu égard au temps pendant lequel on peut en jouir.

L'abaissement des tarifs rendra cette catégorie de voyages plus nombreuse.

D'une manière générale, L'ABAISSEMENT DES TARIFS DE

VOYAGEURS FERA FAIRE DES VOYAGES PLUS COURTS ET PLUS FRÉQUENTS.

D'ailleurs, le nombre des voyageurs augmentant, l'utilisation des trains sera plus complète. Les voitures, au lieu d'être remplies à 0,36, comme dans la Compagnie du Midi, exercice 1860, se rempliront à 0,50, à 0,60. La limite inférieure des tarifs rémunérateurs baissera proportionnellement à l'augmentation du remplissage.

D'un autre côté, le service d'exploitation comportera un nombre de trains journaliers plus grand, et cet état de choses sera lui-même de nature à accroître la circulation : c'est un fait reconnu que plus le nombre de trains journaliers est grand, plus le nombre de voyageurs est considérable.

Une réforme des tarifs de voyageurs serait d'autant plus utile et efficace, qu'elle serait générale : toutes les régions de la France contribueraient ainsi à fournir les éléments d'une circulation active.

§ 5. — CRÉATION DE LA CLASSE DES TRAINS-SALONS DANS L'HYPOTHÈSE D'UNE RÉFORME IMPORTANTE DE TARIFS.

Je vais faire une simple hypothèse :

Je suppose qu'une diminution de moitié dans les tarifs de voyageurs soit résolue en principe.

Je comprendrais l'exécution de cette réforme dans les conditions suivantes :

Tout le service actuel serait maintenu : *express*, *omnibus*, etc.

Les 1re, 2e, 3e classes seraient tarifées à la moitié des prix actuels.

On créerait, en outre, une nouvelle nature de train : le TRAIN-SALON.

Ce train serait formé d'un matériel spécial offrant des conditions nouvelles de confortable et de luxe.

La vitesse des *trains-salons* serait autant que possible plus grande que celle des express actuels.

Le tarif du *salon* serait le tarif de la 1re classe actuelle.

Les avantages qu'aurait cette combinaison sont manifestes :

Tous les voyageurs de première du régime actuel, qui préféreraient la vitesse et le confortable à l'économie de leur argent, voyageraient désormais en *train-salon*.

Le nombre en serait grand : le luxe qui flatte les manières a, en France, un attrait particulier.

Les autres voyageurs paieraient un prix plus conforme à leurs ressources en allant dans les nouvelles *premières.*

Le même effet de triage se produirait parmi les voyageurs de *secondes*, de *troisièmes*, du régime actuel.

Ce système de tarifs établirait plus d'harmonie entre les ressources et les besoins de la consommation. Chacun se placerait mieux ainsi dans les conditions qui lui sont le plus convenables.

La réforme que je suppose trouverait donc des éléments de succès, non-seulement dans les effets généraux d'un abaissement de tarifs, mais aussi dans la création d'une classe supérieure qui assurerait le maintien de la recette provenant des voyageurs aisés. Ce seraient des conditions éminemment favorables.

CONCLUSION

Une réforme générale des tarifs de chemins de fer est opportune.

Il faut créer deux groupes de tarifs nouveaux.

Les tarifs du premier groupe feront immédiatement augmenter la recette nette.

Les tarifs du second groupe la feront diminuer d'abord, puis reprendre son niveau et augmenter ensuite.

Il est possible que, en résultante, la recette nette des chemins de fer augmente immédiatement.

Il est possible, aussi, qu'elle diminue.

Cette dernière éventualité place les Compagnies dans l'impossibilité d'opérer seules la réforme complète.

Il est donc nécessaire, pour que cette réforme ait lieu, que l'État intervienne.

Dans ma pensée, cette intervention devrait avoir lieu dans les conditions suivantes :

L'ÉTAT GARANTIRAIT AUX COMPAGNIES, PENDANT UN CERTAIN TEMPS, UNE CERTAINE PROGRESSION DE RECETTES NETTES (1).

LES COMPAGNIES REMBOURSERAIENT ULTÉRIEUREMENT A L'ÉTAT TOUTES SES AVANCES.

La question se pose ainsi :

Le pays a fait une *dépense définitive* de plusieurs milliards pour atteindre ce résultat de RÉDUIRE AU 1/4 LES TARIFS DE TRANSPORT.

Aujourd'hui, une *garantie* de quelques dizaines de millions est seule nécessaire pour RÉDUIRE CES TARIFS AUX 2/3, A LA MOITIÉ PEUT-ÊTRE.

Faut-il hésiter ?

A l'origine des chemins de fer, l'État s'est trouvé en présence d'une situation qui rendait son intervention nécessaire :

Les capitaux privés n'osaient entreprendre seuls la construction des lignes ;

---

(1) Tout concourt à me démontrer, dans cette étude, que la solution la meilleure de la question des chemins de fer est l'exploitation au bénéfice de l'État.

Toutes les combinaisons administratives ou financières doivent tendre vers la réalisation de ce régime.

Et cependant l'intérêt public commandait impérieusement l'exécution du réseau.

L'État est intervenu ; il a accordé de fortes subventions aux Compagnies ; il a construit leurs terrassements, leurs travaux d'art, il leur a donné des garanties de minimum d'intérêt.

Les chemins de fer ont été créés ;

Cette création a été un grand bienfait pour le pays et est devenue pour le Trésor public une source nouvelle de revenus.

Aujourd'hui, encore, la situation est la même, en ce qui concerne la construction des lignes secondaires du réseau :

La création de ces lignes est utile au pays ;

D'un autre côté, les Compagnies se sentent trop faibles pour les exécuter avec leurs seules ressources.

L'État intervient et leur accorde des subventions diverses.

Je considère que l'État se trouve, à l'égard d'une réforme des tarifs de chemins de fer, en présence d'une situation analogue :

Les Compagnies n'ont pas la force de constitution nécessaire pour accomplir, par leur seule initiative, la réforme de leurs tarifs ;

Et cependant cette réforme est commandée par le nouvel état économique du pays ; elle est devenue nécessaire.

Le besoin de faire prospérer les chemins de fer est aujourd'hui aussi impérieux que l'était il y a vingt ans celui de les créer.

Des raisons semblables sollicitent donc aujourd'hui, sous un point de vue nouveau, l'intervention de l'État dans l'œuvre des chemins de fer.

En thèse générale, quand une œuvre d'utilité publique ne peut se créer seule, l'État a raison de faire concourir le pays entier à cette création.

Il y a d'autant plus lieu, ici, d'appliquer ce précepte, que la réforme des tarifs de chemins de fer par le concours de l'État s'opérerait dans des conditions éminemment favorables : Une simple avance de fonds produirait un immense effet utile.

Il y a plus : les Compagnies n'ont fait, en exploitation, que la partie la plus facile de leur tâche; elles se sont abstenues jusqu'à ce jour, je l'ai démontré, d'appliquer une masse de tarifs utiles; dans l'état actuel, le domaine qu'elles exploitent ressemble à une riche éponge à peine pressée. Une simple garantie morale, de la part de l'État, pourrait donc, peut-être, suffire au succès de la réforme des tarifs.

Je suppose, d'ailleurs, que, pour soutenir cette réforme, il fût nécessaire de faire aux Compagnies des avances importantes; je suppose que l'État dût recourir à un emprunt pour faire face à cette dépense extraordinaire :

Un emprunt destiné à féconder les travaux de la paix serait essentiellement populaire. Le pays, appelé à en récolter seul tous les fruits, s'y associerait avec élan.

La réforme des tarifs de chemins de fer aura pour effet immédiat d'accroître les recettes annuelles du Trésor public.

Les chemins de fer rapportent annuellement à l'État une somme de **18,500,000** francs.

Ce produit augmentera selon la progression du trafic des chemins de fer.

Simultanément, la richesse publique augmentant chaque jour, la masse des impôts directs et indirects augmentera de même.

Le Trésor public est donc directement intéressé, comme les Compagnies et le pays entier, à la réalisation de la réforme.

L'abaissement des tarifs de transports complétera l'œuvre importante des traités de commerce.

Ces traités ont ouvert une grande lutte industrielle entre la France et les pays étrangers.

La diminution des frais de transport nous permettra

de soutenir d'autant mieux la lutte, d'y remporter de plus grands avantages.

Une réforme des tarifs ne pourrait être faite dans un moment plus opportun.

Quoique l'on travaille beaucoup en France, il y a encore aujourd'hui une multitude de bras inactifs ou mal utilisés. C'est une cause de misère. On a souvent cherché des remèdes au paupérisme, au prolétariat : il n'y en a pas de plus efficace que de provoquer par des mesures libérales l'accroissement du travail. Ayez du travail, de l'activité, et vous serez riches.

La prospérité matérielle, fondée sur le travail, est la base essentielle de la puissance, de la grandeur et du progrès des nations.

Cette prospérité est étroitement liée, dans chaque pays, aux conditions économiques de transport.

Perfectionner l'industrie des transports est donc un des moyens les plus efficaces de perfectionner les sociétés modernes.

Le gouvernement, en prenant avec hardiesse et résolution l'initiative d'une réforme des tarifs des chemins de fer, réunira autour de ce grand acte toutes les sympathies, tous les suffrages.

Il accomplira l'œuvre la plus populaire, parce qu'elle sera la plus utile. Il réalisera le plus grand progrès auquel il puisse aspirer, celui d'élever de plus en plus, parmi la population, le niveau de toutes les classes.

Une réforme de tarifs doit être opérée avec de grandes précautions : En abaissant brusquement des tarifs, on peut ruiner un grand nombre d'industries.

L'industrie de la batellerie, la plus menacée par un abaissement des tarifs de chemins de fer, est, notamment, digne de toute sollicitude.

Il est donc indispensable d'opérer la transition avec tous les ménagements qu'elle comporte.

Dans ce but, il faudrait, dès que l'abaissement serait résolu en principe, étudier, pour chaque contrée, les mesures transitoires que commanderait son état industriel.

Je conclus :

Je sollicite la nomination d'une commission d'enquête dont la mission serait tracée par le programme suivant :

DÉTERMINER LES BASES D'UNE RÉFORME GÉNÉRALE DES TARIFS DE CHEMINS DE FER, POUR LES DEUX TRAFICS *Mar-*

chandises ET *Voyageurs*, EN SE PLAÇANT AU POINT DE VUE DES INTÉRÊTS SIMULTANÉS DU PAYS, DES COMPAGNIES ET DU TRÉSOR PUBLIC.

INDIQUER LES MESURES TRANSITOIRES NÉCESSAIRES POUR LA MISE EN PRATIQUE DE LA RÉFORME.

ORLÉANS.

Années.	Longueur moyenne exploitée	Voyageurs kilométriqs	Recette totale.	TARIF moyen perçu.	Voyageurs kilomet. par kilomètre.	Recette par kilomètre exploité.
1852	824	174.688.472	11.502 369 10	0 0659	212.000	13.959 19
1853	1017	223.752.399	14.708.586 83	0 0657	220 012	14.462 72
1854	1143	308.076.774	16.173.996 29	0 0525	269.533	14.150 48
1855	1158	314.839.732	20.060.252 47	0 0637	271.882	17.323 19
1856	1149	320.413.220	18.153.289 44	0 0566	278.863	15.799 21
1857	1277	343.924.167	20.436.958 94	0 0591	269.320	16.003 88
1858	1424	347.701.552	20.553.860 42	0 0591	244.172	14.433 90
1859	1475	417.800.948	22.371.213 70	0 0535	283.255	15.166 92
1860	1475	406.540.805	22.893.952 57	0 0563	275.621	15.521 32
1861	1475	423.527.428	23.716.436 69	0 0559	287.137	16.078 94

Années.	Longueur moyenne exploitée	Tonnes kilométriqs	Recette totale.	TARIF moyen perçu.	Tonnes kilomét. par kilomètre	Recette par kilomètre exploité.
1852	824	101.709.434	8.918.291 62	0 0876	123.434	10.823 17
1853	1017	152.471.857	12.667.301 38	0 0838	149.923	12.455 55
1854	1143	251.214.331	20.017.540 83	0 0797	219.784	17.513 16
1855	1158	311.645.150	24.193.345 57	0 0776	269.124	20.892 35
1856	1149	360.504.627	27.206.191.26	0 0755	313.755	23.678 15
1857	1277	384.362.844	28.774.966 59	0 0749	300.989	22.533 27
1858	1424	370.550.222	28:569.202 78	0 0779	260.218	20.062 64
1859	1475	430.606.983	31.593.405 56	0 0703	291.938	21.419 26
1860	1475	480.543.010	32.943 461 35	0 0685	325.792	22.334 55
1861	1475	507.118.026	34.131.114 82	0 0673	343.809	23.139 74

LYON-MÉDITERRANÉE.

Années.	Longueur moyenne exploitée	Voyageurs kilométriqs	Recette totale.	TARIF moyen perçu.	Voyageurs kilomét. par kilomètre.	Recette par kilomètre exploité.
1852	»	»	»	»	»	»
1853	383	167.888.692	11.061.522 22	0 0658	438.352	28.881 26
1854	435	212.890.403	12.680.251 15	0 0596	489.403	29.150 »
1855	539	355.656.550	19.601.662 »	0 0551	659.845	36.366 72
1856	610	319.756.913	18.327.299 95	0 0573	524.192	30.020 15
1857	1231	507.941.619	29.613.714 78	0 0583	412.625	24.056 64
1858	1304	507.035.014	28.337.081 76	0 0581	388.830	21.722 56
1859	1388	800.577.165	34.202.399 62	0 0427	576.785	24.645 05
1860	1410	631.042.242	32.571.249 12	0 0516	447.547	23.103 45
1861	1411	634.445.349	34.688.875 07	0 0534	450.600	24.017 81

Années.	Longueur moyenne exploitée	Tonnes kilométriqs	Recette totale.	TARIF moyen perçu.	Tonnes kilométr. par kilomètre.	Recette par kilomètre exploité.
1852	»	»	»	»	»	»
1853	383	89.439.514	6.829.691 93	0 0764	233.523	17.832 10
1854	435	131.432.685	9.305 723 08	0 0708	302.144	21.376 84
1855	539	187.384.937	14.931.967 74	0 0797	347.653	27.703 09
1856	610	247.590.461	19.085.333 95	0 0771	405.886	31.261 81
1857	1231	572.790.307	39.717.735 87	0 0693	465.305	32.264 61
1858	1304	633.496.970	41.954.630 39	0 0662	485.810	32.161 46
1859	1388	792.222.123	51.058.504 54	0 0644	570.765	36.790 97
1860	1410	876.527.537	55.204.824 27	0 0630	621.649	39.152 35
1861	1411	1.229.362.692	73.697.813 76	0 0608	871.270	52.939 63

NORD.

Années.	Longueur moyenne exploitée	Voyageurs kilométriqs	Recette totale.	TARIF moyen perçu.	Voyageurs kilométr. par kilomètre.	Recette par kilomètre exploité.
1852	710	229.735.866	14.667.074 51	0 0604	324.000	20.658 »
1853	710	242.230.000	15.757.509 74	0 0650	346.463	22.194 »
1854	710	263.739.160	16.133.589 80	0 0611	371.464	22.723 »
1855	730	327.932.953	19.756.212 04	0 0601	449.223	27.063 »
1856	795	275.438.344	17.718.024 62	0 0643	346.463	22.287 »
1857	817	282.784.214	18.413.986 25	0 0651	346.125	22.538 »
1858	891	290.939.001	18.610.183 67	0 0639	326.531	20.887 »
1859	947	321.420.592	19.531.485 74	0 0608	339.409	20.625 »
1860	967	316.885.935	20.220.049 50	0 0638	327.700	20.910 »
1861	967	333.758.811	21.184.209 69	0 0634	345.148	21.907 »

Années.	Longueur moyenne exploitée	Tonnes kilométriqs	Recette totale.	TARIF moyen perçu.	Tonnes kilométr. par kilomètre.	Recette par kilomètre exploité.
1852	710	122.079.275	10.691.076 »	0 0878	171.300	15.058 »
1853	710	189.939.792	14.202.112 »	0 0750	267.521	20.988 »
1854	710	268.851.950	18.218.080 »	0 0677	378.665	25.659 »
1855	730	350.249.303	22.889.375 »	0 0653	479.794	31.355 »
1856	795	342.237.232	24.558.372 »	0 0717	430.487	30.878 »
1857	817	399.369.770	27.134.570 »	0 0679	488.825	33.212 »
1858	891	457.749.472	30.670.986 99	0 0670	513.748	34.423 »
1859	947	463.321.237	31.178.111 49	0 0673	489.252	32.923 »
1860	967	494.005.943	44.239.667 77	0 0693	510.864	35.408 »
1861	967	528.433.608	36.404.881 85	0 0689	546.466	37.647 »

EST.

Années.	Longueur moyenne exploitée	Voyageurs kilométriq[s]	Recette totale.	TARIF moyen perçu.	Voyageurs kilométr. par kilomètre.	Recette par kilomètre exploité.
1852	508	132.747.220	8.165.798 65	0 0670	261.313	16.074 »
1853	627	173.882.905	10.958.406 92	0 0640	277.325	17.477 »
1854	810	235.421.274	13.587.352 41	0 0610	290.643	16.774 »
1855	863	273.533.802	16.030.784 82	0 0630	316.957	18.575 »
1856	891	247.682.700	15.212.511 09	0 0680	277.983	17.074 »
1857	1256	276.723.648	18.096.271 27	0 0680	220.321	14.407 »
1858	1552	285 797.250	19.039.410 65	0 0680	184.147	12.265 »
1859	1624	368.969.212	20.288.037 26	0 0610	227.198	12.493 »
1860	1662	348.815.995	21.642.535 79	0 0660	209.877	13.022 »
1861	1685	372.104.414	21.685.641 97	0 0575	220.821	12.858 »

Années.	Longueur moyenne exploitée	Tonnes kilométriq[s]	Recette totale.	TARIF moyen perçu.	Tonnes kilométr par kilomètre.	Recette par kilomètre exploité.
1852	508	72.931.524	5.735.839 26	0 0890	143.566	11.291 »
1853	627	139.775.280	11.680.478 49	0 0820	222.927	18.629 »
1854	810	230.540.770	16.632.015 49	0 0720	284.618	20.533 »
1855	863	294.202.952	20.785.045 84	0 0710	340.907	24.085 »
1856	891	304.037.695	22.485.020 73	0 0740	341.232	25.236 »
1857	1256	344.045.468	26.232.704 81	0 0720	273.921	20.886 »
1858	1552	408.784.392	31.357.875 55	0 0736	263.392	20.205 »
1859	1629	406.285.110	34.400.531 75	0 0810	249.408	21.117 »
1860	1679	468.312.960	37.664.891 49	0 0757	278.924	22.433 »
1861	1685	548.029.333	40.295.510 15	0 0735	324.469	23.914 »

OUEST.

Années.	Longueur moyenne exploitée	Voyageurs kilométriqs	Recette totale.	TARIF moyen perçu.	Voyageurs kilométr. par kilomètre.	Recette par kilomètre exploité.
1852	»	»	»	»	»	»
1853	»	»	»	»	»	»
1854	»	»	»	»	»	»
1855	»	»	»	»	»	»
1856	»	»	»	»	»	»
1857	951	339.565.788	20.164.436 80	0 0594	357.062	21.203 »
1858	1062	356.206.764	21.236.165 74	0 0583	335.411	19.996 »
1859	1185	427.905.011	23.350.760 68	0 0545	361.101	19.705 »
1860	1207	420.282.188	23.736.484 83	0 0564	348.204	19.666 »
1861	1213	445.832.122	24.879.679 29	0 0555	369.194	20.510 »

Années.	Longueur moyenne exploitée	Tonnes kilométriqs	Recette totale.	TARIF moyen perçu.	Tonnes kilométr. par kilomètre.	Recette par kilomètre exploité.
1852	»	»	»	»	»	»
1853	»	»	»	»	»	»
1854	»	»	»	»	»	»
1855	»	»	»	»	»	»
1856	»	»	»	»	»	»
1857	951	207.961.556	16.518.403 93	0 0794	217.677	17.369 »
1858	1062	211.691.878	17.186.232 40	0 0810	199.333	16.182 »
1859	1185	260.830.533	20.322.058 72	0 0719	220.110	17.149 »
1860	1207	280.733.647	20.906.847 62	0 0744	232.588	17.321 »
1861	1212	346.672.454	23.392.421 79	0 0675	285.798	19.285 »

MIDI.

Années	Longueur moyenne exploitée	Voyageurs kilométriqs	Recette totale.	TARIF moyen perçu.	Voyageurs kilométr. par kilomètre.	Recette par kilomètre exploité.
1852	»	»	»	»	»	»
1853	»	»	»	»	»	»
1854	»	»	»	»	»	»
1855	»	»	»	»	»	»
1856	378	69.634.576	4.358.723 82	0 0626	184.192	11.531 »
1857	649	116.148.934	6.655.436 80	0 0573	178.966	10.255 »
1858	783	132.621.408	7.512.750 96	0 0566	169.376	9.595 »
1859	793	155.446.525	8.333.302 75	0 0540	196.022	10.582 18
1860	793	151.241.447	8.796.487 80	0 0582	190.721	11.092 67
1861	798	169 491.000	9.579.756 17	0 0561	212.394	12.004 71

Années	Longueur moyenne exploitée	Tonnes kilométriqs	Recette totale.	TARIF moyen perçu.	Tonnes kilométr. par kilomètre.	Recette par kilomètre exploité.
1852	»	»	»	»	»	»
1853	»	»	»	»	»	»
1854	»	»	»	»	»	»
1855	»	»	»	»	»	»
1856	378	37.699.074	2.840.699 46	0 0753	99.733	7,515 »
1857	649	80.585 627	5.402.263 65	0 0674	124.323	8.324 »
1858	783	108.118.989	7.482.948 42	0 0692	138.083	9.557 »
1859	793	147.324.395	10.738.117 12	0 0730	185.731	13.541 13
1860	793	194.533.222	13.282.257 95	0 0683	245.313	16.749 38
1861	798	255.868.186	18.003.389 85	0 0705	320.636	22.560 64

TOTAL DES SIX COMPAGNIES.

Années.	Longueur moyenne exploitée.	Voyageurs kilométriques.	Recette totale.	Tarif moyen perçu.	Voyageurs kilométriqs par kilomètre	Recette par kilomètre.	Différences d'une année à l'autre. Tarif moyen	Voyageurs kilométriqs	Recette kilométrique.
1852	2042	537.171.558	34.335.242 26	0 0639	262.866	16.814 »			
1853	2737	807 753.996	52.486.025 71	0 0650	295.124	19.176 »	+ 0 0011	+ 32.258	+ 2.362 »
1854	3098	1.020.127.611	58.375.189 65	0 0574	329.286	18.107 »	— 0 0076	+ 34.162	— 1.069 »
1855	3290	1.271.963.037	75.448.911 33	0 0593	386.615	22.933 »	+ 0 0019	+ 57.329	+ 4.826 »
1856	3823	1.232.925.753	73.769.848 92	0 0599	322.502	19.296 »	+ 0 0006	— 64.113	— 3.637 »
1857	6181	1.867.088.370	113.380.804 84	0 0607	302.069	18.343 »	+ 0 0008	— 20.433	— 953 »
1858	7016	1.920.300 989	115.289.403 20	0 0600	273.703	16.432 »	— 0 0007	— 28.366	— 1.911 »
1859	7412	2.492.119.453	128.077.199 75	0 0514	336.227	17.279 »	— 0 00[illegible]	+ 62.524	+ 847 »
1860	7514	2.274.808.612	129.860.759 61	0 0571	302.743	17.282 »	+ 0 0057	— 33.484	+ 3 »
1861	7549	2.381.159 124	135.734.598 88	0 0570	315.427	17.980 »	— 0 0001	+ 12.684	+ 698 »
	Totaux.	15.805.418.503	916.958.034 15	0 0579					

Années.	Longueur moyenne exploitée.	Tonnes kilométriques.	Recette totale.	Tarif moyen perçu.	Tonnes kil. par kilomètre	Recette par kilomètre.	Différences d'une année à l'autre. Tarif moyen.	Voyageurs kilométriqs	Recette kilométrique
1852	2042	296.720.233	25.345.206 88	0 0854	145.308	12 411 »			
1853	2737	571.626.443	45.379.583 80	0 0794	208.851	16.580 »	— 0 0060	+ 63.543	+ 4.171 »
1854	3098	882.039.742	64.173.359 40	0 0727	284.713	20.714 »	— 0 0067	+ 75.862	+ 4.134 »
1855	3290	1.143.482.34[illegible]	82.799.734 15	0 0724	347.563	25.167 »	— 0 0003	+ 62.850	+ 4.453 »
1856	3823	1.291.069.089	96.175.617 49	0 0744	337.972	25.157 »	+ 0 0020	— 9.591	— 10 »
1857	6181	1.989.115.572	143.776.644 85	0 0723	321.827	23 261 »	— 0 0021	— 16.145	— 1.896 »
1858	7016	2.190.391.923	157.221.876 53	0 0718	312.199	22.409 »	— 0 0005	— 9.628	— 852 »
1859	7417	2.500.590.381	179.290 729 18	0 0717	337.143	24.173 »	— 0 0001	+ 24.944	+ 1.764 »
1860	7514	2.794.656.319	194.241.950 45	0 0695	371.926	25.850 »	— 0 0022	+ 34 783	+ 1.677 »
1861	7549	3.415.484.299	226.925.132 52	0 0664	452.442	30.060 »	— 0 0031	+ 80.516	+ 4.210 »
	Totaux.	17.076.176.343	1.215.329.835 36	0 0712					

PARIS

IMPRIMERIE DE E. BRIÈRE,

RUE SAINT-HONORÉ, 257.

TABLE DES MATIÈRES.

TITRE Ier. — TRAFIC DES MARCHANDISES.

Pages

TITRE II. — TRAFIC DES VOYAGEURS.

www.ingramcontent.com/pod-product-compliance
Ingram Content Group UK Ltd.
Pitfield, Milton Keynes, MK11 3LW, UK
UKHW020951230726
13923UKWH00007B/245